Deine Arbeitshilfen zum Download:

Die folgenden Arbeitshilfen stehen für dich zum Download bereit:

- Action Steps für deinen Wiedereinstieg
- Vorlagen und Checklisten
- Muster für Anschreiben und Lebenslauf
- Übersichten und weiterführende Links

Den Link sowie deinen Zugangscode findest du am Buchende.

Restart Today

Gesche Heitmann, Julia Mohring

Restart Today

Roadmap für dein erfolgreiches berufliches Comeback

1. Auflage

Haufe Group
Freiburg · München · Stuttgart

Bibliografische Information der Deutschen Nationalbibliothek

Die Deutsche Nationalbibliothek verzeichnet diese Publikation in der Deutschen Nationalbibliografie; detaillierte bibliografische Daten sind im Internet über http://dnb.dnb.de abrufbar.

Print: ISBN 978-3-648-13807-6 Bestell-Nr. 18017-0001
ePub: ISBN 978-3-648-13808-3 Bestell-Nr. 18017-0100
ePDF: ISBN 978-3-648-13809-0 Bestell-Nr. 18017-0150

Gesche Heitmann, Julia Mohring
Restart Today
1. Auflage, Mai 2020

www.haufe.de
info@haufe.de

Bildnachweis (Cover): © hh5800, Getty Images

Produktmanagement: Christiane Haas, Jutta Thyssen
Lektorat: Peter Böke, Berlin

Inhaltsverzeichnis

Vorwort 11

1 **Schritt 1: Bist du bereit für dein Comeback?** 15
1.1 Was wünscht du dir von deinem Wiedereinstieg? 16
1.2 Was könnte dich hindern? 21
1.3 Wann willst du loslegen? 29
1.4 Welchen Support brauchst du? 31

2 **Schritt 2: Berufliches Selbstvertrauen neu aufbauen** 37
2.1 Das Gefühl, den Anschluss verloren zu haben 37
2.2 Zeit für ein Restart-Mindset 41
2.3 »Yes, I can!« – Kickstart für dein neues Mindset 43

3 **Schritt 3: Was möchtest du? Der Job, der heute zu dir passt** 55
3.1 Am Mischpult deines Lebens 56
3.2 Was ist dir heute wichtig? 59
3.3 Deine Zwischenbilanz – Das Fundament für die Jobauswahl 64
3.4 So entwickelst du neue Berufsperspektiven 65
3.5 Vier Parameter für den Feinschliff bei der Berufswahl 76

4 **Schritt 4: Was kannst du? – Deine Kompetenzen und deine Selbstdarstellung** 81
4.1 Update für deine Kompetenzen 82
4.2 Dein Lebenslauf – die Kunst der Selbstdarstellung 90
4.2.1 Die Lücke im Lebenslauf 94
4.2.2 Fünf typische Fehler im Lebenslauf 100
4.3 Deine Berufsstory in 60 Sekunden 101
4.4 Checkliste: Dein Lebenslauf 104

5 **Schritt 5: Networking – So wirst du für andere sichtbar!** 105
5.1 Drei Gründe, warum Networking wichtig ist 106
5.2 Der verdeckte Stellenmarkt – ein Interview mit Patrizia Kaiser 107
5.3 Dein Jobprofil auf Xing oder LinkedIn 113

5.4 So profitierst du von deinem Netzwerk ... 123
5.5 Dos and Don'ts beim Networking ... 127
5.6 Was macht ein gutes Netzwerk aus? – Fragen an die Networking-Expertin Monika Scheddin ... 128

6 Schritt 6: Matching – So findest du deinen Job ... 133
6.1 Wege für deinen Jobeinstieg ... 135
6.2 Was solltest du bei Stellenanzeigen beachten? ... 149
6.3 3 Tipps für deine Pole Position ... 151
6.4 Arbeitszeit ist Verhandlungssache ... 153

7 Schritt 7: Eigenmarketing – »Damit ihr es wisst, ich bin die Richtige!« ... 161
7.1 Das Anschreiben – dein Teaser ... 161
7.1.1 Was genau sucht dein potenzieller Arbeitgeber? ... 163
7.1.2 AIDA – die Zauberformel für dein Anschreiben ... 165
7.1.3 Bestandteile deines Anschreibens ... 166
7.1.4 Fünf typische Fehler im Anschreiben ... 171
7.2 Das Vorstellungsgespräch – it's Showtime ... 172
7.2.1 Der Ablauf des Vorstellungsgesprächs ... 177
7.2.2 Typische Fragen und gute Antworten im Vorstellungsgespräch ... 181
7.3 Telefon- und Skype-Interview ... 185
7.4 Umgang mit Absagen ... 186
7.5 Checkliste: Dein Vorstellungsgespräch ... 188

8 Geschafft: Wieder im Job! ... 191
8.1 Der erste Arbeitstag ... 192
8.2 Einarbeitung im neuen Job ... 193
8.3 Umgang mit Vorgesetzten ... 193
8.4 Vergiss das Networking nicht ... 194
8.5 Prioritäten setzen ... 194
8.6 Love it or leave it? ... 195

Schlusswort ... 197

Eine Bitte an dich! ... 201

9 **Anhang** ... 203
9.1 Muster-Anschreiben ... 204
9.2 Muster-Lebenslauf ... 205
9.3 Weiterführende Links ... 207

Deine Arbeitshilfen online ... 209
Literatur, die uns inspiriert hat ... 211
Abbildungsverzeichnis ... 215
Stichwortverzeichnis ... 217
Die Autorinnen ... 223

Vorwort

Liebe Leserinnen und Leser,

dieses Buch ist entstanden, weil es so viele tolle und gut ausgebildete Frauen und Männer gibt, die eine Berufspause eingelegt haben und jetzt gerne wieder arbeiten möchten. Aber oftmals einfach nicht wissen, wie sie es anstellen sollen. Kurz gesagt, ihnen fehlt ein Plan, eine Strategie, der ihnen zeigt, welche Schritte zu einem erfolgreichen Wiedereinstieg in den Job führen.

Dieses Dilemma ist uns nicht nur selbst und im privaten Umfeld, sondern auch in unseren Workshops immer wieder begegnet. Der Wunsch nach einer praxisnahen und einfach umzusetzenden **Anleitung für einen erfolgreichen Wiedereinstieg** wurde von allen Seiten immer größer. Diesem Wunsch wollen wir mit diesem Buch Rechnung tragen. Wir wollen dich dafür begeistern, deinen Wiedereinstieg zu wagen und erfolgreich in die Tat umzusetzen.

Restart Today schlägt eine Brücke in deine nächste Lebensphase, in der du Job und Privatleben neu verbindest. Wir wissen, dass du wieder arbeiten willst, aber nicht um jeden Preis. Heute fügst du dich nicht mehr den Gegebenheiten, sondern möchtest deine Zukunft selbst gestalten. Entsprechend deinen Vorstellungen, Werten und Möglichkeiten.

Die Gestaltungsmöglichkeiten sind mittlerweile riesig. Digitalisierung und New Work ermöglichen Spielräume für deine ganz persönliche Formel einer Work-Life-Balance. Und Weiterbildungsangebote auf allen Ebenen vereinfachen sogar eine berufliche Neuorientierung.

Es stehen uns heute beruflich so viele Türen offen, wie nie zuvor. Deshalb empfehlen wir: Nimm nicht irgendeinen Job an, nur weil du eine Berufspause eingelegt hast. Finde lieber heraus, was du willst. Das kann etwas ganz anderes sein als bei deiner Jobsuche vor der Pause. Wiedereinstieg ist deine Chance zu entdecken, wofür du heute wirklich brennst und welche Inhalte für dich relevant sind.

Denke nicht in Beschränkungen, sondern gib deinen Ideen und verrückten Einfällen Raum. Play Big!

Genau dafür machen wir dich fit und noch viel besser: Du erhältst hier einen Fahrplan, mit dem du Schritt für Schritt erfolgreich deinen Weg zurück in den Job findest. Mit unserer Roadmap kannst du das erreichen, was du beruflich von ganzem Herzen möchtest – sei es eine neue Karriere, der Job in deinem Lieblingsunternehmen, die Selbstständigkeit oder vormittags in einem netten Team zu arbeiten.

Du wirst nach diesem Buch genau wissen, worauf es beim Wiedereinstieg ankommt, was es zu beachten gilt und wie du an die Jobs kommst, die dich wirklich interessieren – auch mit Lücke, Kind und Kegel im Lebenslauf.

Wir geben dir quasi dein persönliches Navi an die Hand, das dich zu deinem nächsten Job führt. Für den Fall, dass du noch nicht genau weißt, welcher das ist – und das geht vielen so –, stellen wir dir in diesem Buch und auf mybook.haufe.de spannende Tools und Übungen zur Verfügung.

Dazu erhältst du erprobte Mustertexte, Antworten und Beispiele u. a. zum Lebenslauf, deinem Anschreiben, das Vorstellungsgespräch sowie zum Networking. Und mit unseren Checklisten gelingt es dir, auch unter Zeitdruck die wichtigsten Punkte im Blick zu behalten.

Für alle, die gerne ohne Umwege vom Wollen ins Machen kommen, haben wir zusätzliche **Action Steps** erstellt. In zwölf Übungen trimmst du dich auf deinen Wiedereinstieg. Diese Steps sind ein hilfreiches Tool, um fokussiert Themen zu vertiefen. Die Action Steps liegen auch online auf mybook.haufe.de (Arbeitshilfe 1) vor. Von dort kannst du sie beliebig oft herunterladen.

Wir laden dich ein, Kategorien wie Elternschaft, Alter und Qualifikation beiseite zu schieben und deine Aufmerksamkeit auf das zu lenken, was wirklich wichtig für den Wiedereinstieg ist: dein Potenzial, deine Sehnsüchte und Träume zu verwirklichen! Auf diesem Weg wollen wir dich bestmöglich unterstützen, so dass du einen Beruf findest, der dich strahlen lässt, den du als sinnstiftend und erfüllend empfindest. Einen Beruf, der dein Umfeld und deine sonstigen Wünsche mit einbezieht.

In sieben Schritten erfährst du auf den folgenden Seiten, wie du deinen beruflichen Wiedereinstieg in die Realität umsetzt. Und heute ist der beste Tag, um den ersten Schritt zu gehen. Das Zauberwort heißt: *Anfangen*.

Dafür wünschen wir dir ganz viel Erfolg!

Gesche und *Julia*

1 Schritt 1: Bist du bereit für dein Comeback?

In der Verzögerung liegt keine Erfüllung.
William Shakespeare

Wiedereinstieg oder nicht? Das ist die allererste Frage. Du allein entscheidest, ob und wann du wieder berufstätig sein möchtest. Das kann heute, nächsten Monat oder nächstes Jahr sein – jeder Zeitpunkt hat seine Berechtigung. Beruflicher Wiedereinstieg ist keine Entscheidung, die über Nacht kommt. Erst ist es nur eine Idee, ein flüchtiger Gedanke. Nach Wochen oder Monaten, in denen es in dir rumort, folgen konkretere Überlegungen: Kann ich das überhaupt noch? Schaffe ich das? Was sagen meine Familie, meine Freunde dazu?

Sobald du dich aber für den Wiedereinstieg entschieden hast, kommt der erste Schritt: Tatsächlich loslegen! Das ist nicht so einfach, wie es klingt. Viele Wiedereinsteiger wollen zwar loslegen, aber dann kommen die Sommerferien. Oder Weihnachten oder Omas Geburtstag. Oder sie sitzen tagelang an einer Bewerbung, und wenn sie diese abschicken, ist die Stellenanzeige schon überholt. Nach der ersten Welle voller Energie und Elan verfällt man wieder in seinen gewohnten Trott und der Wiedereinstieg ist in weite Ferne gerückt.

Die Frage ist also, was du brauchst, damit es dir nicht genauso ergeht. Die Antwort lautet: Entschlossenheit!

Entschlossenheit bedeutet nicht, schon zu diesem frühen Zeitpunkt bereits zu wissen, *was genau* du beruflich machen möchtest. Entschlossenheit meint vielmehr die Bereitschaft, neue Pfade zu beschreiten und Herausforderungen anzunehmen. Offen zu sein für Veränderung, Weiterentwicklung und Bereicherung.

Entschlossenheit braucht aber ein lohnenswertes Ziel, sonst haben wir nicht die nötige Energie, um Hindernisse zu überwinden und weiter diesen neuen Weg zu gehen. Deshalb sprechen wir in diesem Kapitel erst einmal darüber, was du dir von deinem Wiedereinstieg wünschst. Was ist für dich ein lohnenswertes Ziel? Dann wechseln wir die Perspektive und schauen, was dir im Wege stehen könnte und wir klären, wann der richtige Zeitpunkt für deinen Wiedereinstieg gekommen ist. Zuletzt geht es darum herauszufinden, mit welcher Unterstützung sich dein Wiedereinstieg einfacher und erfolgreicher gestalten lässt.

1.1 Was wünscht du dir von deinem Wiedereinstieg?

Oftmals wissen wir noch gar nicht so genau, was wir uns eigentlich von einem beruflichen Wiedereinstieg versprechen. Wiedereinstieg bedeutet ja nicht einfach, wieder im Job zu sein. Vielmehr verbinden wir mit der erneuten Berufstätigkeit viel tieferliegende Wünsche, Bedürfnisse oder Sehnsüchte. Es geht um Anerkennung, Entwicklung, Unabhängigkeit. Wir wollen in eine neue Lebensphase eintreten, die uns mehr und/oder anderes bietet als unsere aktuelle Situation.

Was sich nun im Einzelnen verändern soll, wird für jeden von uns etwas anderes sein. Jede Wiedereinstiegsgeschichte ist individuell. Aber allen Geschichten ist eins gemeinsam: Je mehr Klarheit über diese tieferliegenden Wünsche besteht, umso leichter ergeben sich die folgenden Schritte. Wenn ich weiß, was ich im Innersten wünsche oder sehne, kann ich viel einfacher und zügiger einen Job finden, der zu mir passt.

Deshalb reden wir zuerst einmal darüber, was du dir wünscht und von deinem beruflichen Wiedereinstieg erhoffst. Geld zu verdienen ist sicherlich ein Wunsch. Aber ist das alles? Vor allem, ist dies das Wichtigste für dich? Es gibt eventuell andere Sehnsüchte oder Bedürfnisse, die erfüllt werden möchten. In unseren Coachings erfuhren wir zum Beispiel, dass Katharina wieder berufstätig sein möchte, um endlich ihren Kopf wieder einzusetzen, sich mit kniffligen juristischen Fragen zu beschäftigen und sich dazu mit Kollegen auszutauschen. Barbara hatte in den Jahren zuvor ihre kreative Ader entdeckt und wollte nun versuchen, ihr großes Zeichentalent zu professionalisieren und zum Beruf zu machen. Max hatte in seinem ersten Berufsleben als Einkäufer in einer Möbelkette gearbeitet und diesen Status geliebt. Ihm wurde schnell klar, dass er mit dem Wiedereinstieg eine Stelle suchte, die zumindest im Ansatz an das Prestige des ersten Jobs heranreichte.

Sieben Wünsche zum Wiedereinstieg

Es gibt viele unterschiedliche Wünsche, Motivationen, Erwartungen und Vorstellungen, die mit einem Wiedereinstieg verbunden sind. Die sieben häufigsten Wünsche schauen wir uns jetzt genauer an.

1. Finanzielle Unabhängigkeit

Nach Jahren unentgeltlicher Tätigkeit für die Familie, die Kinder, die Eltern, ehrenamtlichen Tätigkeiten und freiwilligem Engagement ist die Aussicht, für eine Tätigkeit wieder bezahlt zu werden, eine starke Antriebskraft. Das eigene Geld zu verdienen und finanziell selbstständig zu sein, wird dein Selbstvertrauen entscheidend stärken. Während du in den letzten Jahren das Geld deines Partners, deiner Familie verwaltet und dabei genau abgewogen hast, was du davon ganz allein für dich nutzen darfst, wirst du mit einem eigenen Einkommen viel freier sein, um etwas nur für dich zu kaufen, von deinem selbst verdienten Geld. So wie früher, als du noch an deiner ersten Berufskarriere gearbeitet hast.

Die finanzielle Selbstständigkeit sichert dich auch für den Fall ab, dass sich die familiäre Situation ändert. Eine Trennung, Scheidung, Krankheit oder ein Arbeitsplatzverlust des Partners können gleichermaßen zu finanziellen Schieflagen führen, die durch dein eigenes Einkommen abgefedert werden könnten.

Eventuell nehmen auch die finanziellen Anforderungen zu, die mit dem Aufwachsen der Kinder einhergehen. Die Kosten für Kleidung, Hobbys, Ausbildung steigen, je älter die Kinder werden. Vielleicht ist ein Internat oder ein Hochschulstudium für die Kinder nur möglich, wenn du wieder arbeitest und ein bestimmtes Einkommen erzielst.

Das eigene Geld zu verdienen gehört fast immer mit zu den Beweggründen für den beruflichen Wiedereinstieg. Wir werden in einem späteren Kapitel darüber sprechen, dass es dennoch Momente geben kann, in denen du dein Einkommen nicht die obere Priorität einräumen solltest. Zu Beginn des Wiedereinstiegs kann es sein, dass von deinem Gehalt nach Abzug aller Kosten für Kinderbetreuung, Haushaltsorganisation und Besteuerung nur wenig übrig bleibt. Das ist z. B. ganz leicht der Fall, wenn dein Partner in Steuerklasse 3 und du in Steuerklasse 5 eingestuft bist. Wenn sich mit dieser Berufstätigkeit jedoch mittelfristig lukrative Möglichkeiten verbinden, ist dieser Weg dennoch lohnenswert und sinnvoll. Behalte deshalb eine langfristige Perspektive im Blick, wenn es ums Geld geht.

2. Anerkennung

Du arbeitest 24 Stunden am Tag, an sieben Tagen in der Woche. Du organisierst, tröstest, schlichtest und lehrst. Wenn du dann sagst: »Ich bin Mutter (oder Vater)«, lautet eine typische Antwort: »Ach, nur Mutter?« oder »Ach, reicht dir das?« Nein, es reicht dir nicht mehr. Du hattest mal einen anspruchsvollen Job, in dem es viel Anerkennung gab. Genau das möchtest du wieder haben: Anerkennung für das, was du tust und kannst.

Vielleicht wirst du nicht gleich im ersten Schritt denselben anspruchsvollen Job wie früher ausüben können oder wollen. Eventuell wirst du auch erst nur einige Stunden pro Woche arbeiten und nach und nach aufstocken. Aber das Gefühl, für das, was du tust, bezahlt zu werden, unterscheidet sich grundsätzlich davon, Dank oder Lob zu erhalten. Es ist eine Wertschätzung und Anerkennung deiner Leistung, die über ein Wohlwollen hinausgeht. Sie gilt uneingeschränkt und das tut gut.

3. Mehr Gleichberechtigung in der Partnerschaft

Der eine arbeitet, der andere kümmert sich um die Kinder. Das kann gut laufen und wahrscheinlich lief es für dich auch einige Jahre gut. Aber nun möchtest du die Rechte und Pflichten in der Partnerschaft wieder gleich verteilt haben. Es geht dir darum, dass nicht nur dein Partner Familie und Job hat, sondern auch du Familie und Job hast.

Wenn beide berufstätig sind und beide zum Haushaltseinkommen beitragen, entlastest du deinen Partner von dem Druck, allein für das Einkommen zuständig zu sein. Der Gender Pay Gap und berufliche Auszeiten können allerdings dazu führen, dass gleichwohl keine gleichen Einkommen erzielt werden. Aber du leistest einen monetären Beitrag, das macht den Unterschied.

4. Weiterentwicklung

Im Kindergarten Lampions basteln, im Elternrat über Schulnoten sprechen, das kann eine Zeitlang erfüllend sein. Aber dann kommt der Zeitpunkt, an dem es dem einen oder anderen nicht mehr reicht. Es fehlt die intellektuelle Auseinandersetzung und das Gefühl, sich weiterzuentwickeln oder Neues zu lernen. Es fehlt die Herausforderung, um dich zu beweisen.

Weiterentwicklung ist ein Ziel, das auf verschiedenen Wegen erreicht werden kann. Das kann eine Berufstätigkeit sein, das kann aber auch zunächst eine Weiterbildung oder Fortbildung sein. Ebenso kann es eine anspruchsvolle ehrenamtliche Tätigkeit sein. Prüfe bei diesem Ziel, worum es dir vor allem geht.

5. Nicht allein zurückbleiben

Wenn du für die Kindererziehung beruflich ausgesetzt hast und die Kinder langsam größer werden und beginnen, ihre eigenen Wege zu gehen, ist absehbar, dass die Kinder bald ganz aus dem Haus sind. Während dein Partner und die Kinder ihr Leben leben, ist da keiner mehr, um den du dich täglich kümmerst. Um nicht allein zurückzubleiben und zu warten, bis die Kinder gut versorgt sind (was im besten Fall irgendwann einmal eintritt), kannst du schon jetzt beginnen, deine eigenen beruflichen Vorstellungen wieder zu verfolgen. Fange lieber früher als später damit an. Für den einen ist dafür der richtige Zeitpunkt, wenn das jüngste Kind im Gymnasium ist, für den anderen, wenn die Tochter 18 Jahre alt wird. Hier gibt es keinen richtigen oder falschen Zeitpunkt – du allein bestimmst den Zeitpunkt und das Tempo.

6. Berufliche Ambitionen

Du hast eine gute Ausbildung und eine erfolgreiche erste Berufskarriere hinter dir. Du hast dir einige Erfolge hart erarbeitet. Dann hast du eine berufliche Pause eingelegt. Das bedeutet aber nicht das Ende deiner beruflichen Ambitionen. Nach Jahren des Engagements im privaten Bereich willst du den Fokus jetzt wieder auf den Job legen, an beruflichen Zielen arbeiten, Ehrgeiz ausleben. Der erste Schritt dahin ist, sich diese Ambitionen einzugestehen!

Wenn du dich im Moment sorgst, was deine Umgebung zu deinen beruflichen Plänen sagt, behalte sie erst einmal für dich. Wie du das Zutrauen zu dir stärkst und dieses Ziel kommunizierst, zeigen wir dir im nächsten Kapitel.

7. Status

Monetäre Anerkennung ist das eine, der Status »im Job« ist noch einmal etwas ganz anderes. Dabei spielt es keine Rolle, wie viele Stunden pro Woche du arbeiten willst oder auf welcher Stufe der Karriereleiter du einsteigen wirst. Fakt ist, du gehörst wieder zu dem Kreis der Berufstätigen. Dieses Gefühl tut verdammt gut. Denn du kennst es. Solange du »nur« Mutter oder »nur« Vater oder »nur« nicht berufstätig bist, ist deine Meinung auf der Dinner Party nur halb so interessant. Aber sobald du wieder im Job bist, wird deinen Worten ein viel größeres Gewicht gegeben.

Für einige Wiedereinsteiger fühlt es sich sogar so an, als wären sie erst im Job wieder ein vollwertiges Mitglied der Gesellschaft – auch wenn sie es vorher nicht so hätten benennen können. Sie spüren dann den gesellschaftlichen Druck, der fordert, dass Frauen und Männer, Mütter und Väter gleichermaßen berufstätig sind.[1]

1 Bundesminsterium für Familie, Senioren, Frauen und Jugend, 2010.

Vielleicht sind das auch deine Wünsche, vielleicht hast du aber auch einen ganz anderen Wunsch, den du mit deinem Wiedereinstieg verbindest. Damit du dir hierüber klarer wirst, empfehlen wir dir die folgende Übung. Auf mybook.haufe.de (Arbeitshilfe 2) findest du eine Vorlage.

! **Action Step 1: Deine Wünsche zum Wiedereinstieg**

Schließ die Augen, gehe ein paar Minuten in dich und frage dich:
Was wünsche ich mir von meinem Wiedereinstieg?
Notiere dann drei Wünsche, die du mit deinem Wiedereinstieg verwirklichen möchtest:

1. ____________________
2. ____________________
3. ____________________

Entscheide im nächsten Schritt, welcher Wunsch von diesen dreien dich am allermeisten begeistert. Schreibe diesen Wunsch in die »Wolke« (Abb. 1).

! **Unser Tipp**

Zeichne diese Wolke auf ein Blatt Papier und hänge sie an einem Platz auf, an dem du gerne sitzt und arbeitest. Dann siehst du immer, was du dir am meisten wünschst – das wird dich inspirieren und motivieren! Die Wolke wird dich wie ein Kompass auf deinem Weg halten, wenn du mal nicht weiter weißt.

Abb. 1: Mein größter Wunsch für den beruflichen Wiedereinstieg (Beispieltext)

1.2 Was könnte dich hindern?

Die meisten von uns haben aber noch eine andere, kritische Stimme im Ohr, bei dem einen leiser, bei dem anderen lauter. Diese Stimme fragt, ob du jetzt noch so gut bist wie früher. Ob du einen geeigneten Job finden wirst. Ob du das alles schaffen wirst.

Dein Tag ist ja jetzt schon bis zum Rand ausgefüllt: Die Organisation des Familienlebens, die Arbeit für den Partner, die Kinder und die Eltern, der Haushalt, der Schulrat, die Gemeindearbeit, der Schrebergarten mit den Freunden. Das möchte alles betreut werden und nimmt Zeit in Anspruch. Das findest du ja auch toll!

Schließlich hast du die letzten Jahre intensiv daran gearbeitet, so ein Leben sicherzustellen. Du hast Liebe und Energie investiert, damit sich deine Familie und deine Umgebung wohl fühlen und sich deine Kinder entwickeln können. Wie sollst du dir da die Zeit herausschneiden, die nur für dich und deine beruflichen Vorstellungen bestimmt ist, ohne dass andere ins Hintertreffen geraten oder gar leiden? Das sind viele, lose Gedankenfäden und Zweifel, die dich in dieser frühen Phase deines Wiedereinstiegs beschäftigen könnten.

Du stehst mit diesen Überlegungen nicht allein da. Jeder, wirklich jeder, der einen neuen beruflichen Platz im Leben sucht, hat auch Zweifel. Das gehört einfach dazu. Denn wir bewegen uns aus vertrautem in neues Terrain und wissen noch nicht, was kommt.

Die sieben häufigsten Zweifel vor dem Wiedereinstieg

Solange diese Gedanken in deinem Hinterkopf unausgesprochen und unausgegoren hin- und herflitzen, wirken sie unbezwingbar und viel größer, als sie es bei Lichte betrachtet sind. Im schlimmsten Fall machen sie sich zu einem Zeitpunkt störend bemerkbar, der so gar nicht passt. Deswegen schauen wir uns jetzt die sieben häufigsten Zweifel an und zeigen dir, wie man diese auflösen kann. Wenn du keine siehst, sei glücklich, gratuliere dir und springe gleich zum nächsten Abschnitt.

1. Partnerschaft

Wenn du zukünftig arbeiten wirst, bedeutet das automatisch weniger Zeit für die Familie und die Partnerschaft. Was hält dein Partner von deinem Vorhaben? Findet er das gut? Hat er Kapazitäten, um dich im Haushalt zu entlasten, während du deine ersten Tage im Job verbringst?

Wir hören immer wieder, dass der Partner den Wiedereinstieg gutheißt, gleichzeitig aber möglichst wenig Veränderungen im Haushaltsablauf haben möchte. Das eine wird aber nicht ohne das andere gehen. Versuche, nicht von vornherein, Beruf und Haushalt allein zu managen. Beziehe den Partner frühzeitig in deine Überlegungen mit ein. Überlegt zusammen, welche Abläufe verändert werden können, damit du mehr zeitlichen Freiraum gewinnst. Was kann der Partner übernehmen? Was kannst du an Externe abgeben, was können die Kinder übernehmen? Oftmals lässt sich durch geschickte kleine Änderungen im Alltagsablauf – z. B. ein Großeinkauf statt mehrere kleinere pro Woche – Zeit für den Job gewinnen.

Wenn du wieder arbeitest, wird der Haushalt weniger perfekt sein als jetzt. Einigt euch als Paar, in welchen Bereichen ihr Kompromisse eingehen könnt. Es wird eventuell nicht gleich beim ersten Gespräch Einigkeit bestehen, aber gebt nicht auf. Es werden mehrere Gespräche notwendig sein, um einen Weg zu finden, der für beide gangbar ist.

In welcher Arbeitssituation befindet sich dein Partner aktuell? Hat er seine beruflichen Ziele erreicht und befindet er sich in einer gesicherten Position? Oder befürchtet er, demnächst ohne Arbeit dazustehen. Je emotional angespannter seine Lage ist, desto weniger solltest du auf seine Unterstützung bauen. Ein offenes Gespräch hierzu, so schwierig das auch sein kann, hilft, Klarheit zu gewinnen.

! **Lösungsvorschlag**

Behaltet euch als Paar im Blick. Es kann passieren, dass du zukünftig nach Hause kommst und nur noch über deinen Job redest – es ist ja alles neu und aufregend. Plane bestimmte Zeiten ein oder entwickle Rituale, die sich um euch als Paar drehen, also nicht um den Job oder die Kinder.

2. Kinder und Elternrolle

Das Kind oder die Kinder sind der häufigste Grund für eine berufliche Auszeit. Wenn du ein Elternteil bist, das morgens das Kind in die Schule verabschiedet und nachmittags wieder empfängt, dann ist es ein riesiger Schritt für dich, diesen Alltag zukünftig nicht mehr zu erleben. Man muss sich erst daran gewöhnen, dass nun jemand anderes die Pausenbrote schmiert und das Mittagessen kocht.

Ebenso ist es auch für deine Kinder eine Umstellung. Sie sind es gewohnt, dass du da bist und Zuwendung und Annehmlichkeiten verteilst. Die häufigsten Bedenken sind, ob es den Kindern weiterhin gut gehen wird, wenn du wieder arbeitest. Dazu kommen Zweifel, ob du deiner Rolle als fürsorgendes Elternteil immer noch gerecht wirst, wenn du viele Stunden am Tag nicht verfügbar bist.

Lösungsvorschlag !

Kinder spüren es, wenn sich Dinge ändern. Am besten suchst du das Gespräch mit ihnen, bevor du anfängst zu arbeiten. Erkläre ihnen, warum du wieder arbeiten möchtest und was sich dadurch im Alltag ändern wird.
Binde die Kinder, je nach Alter, in die Umstellung des Alltagslebens mit ein. Übergebe kleine Aufgaben, Kinder lieben es, Verantwortung zu tragen. Fange jetzt schon damit an, diese Aufgaben einzuführen, damit es funktioniert! Es geht nicht an, dass Carlotta nur den Müll rausbringt, wenn sie Lust hat – und du wirst es auch nicht mehr tun wollen, wenn du wieder arbeitest. Je mehr du sie einbindest, desto reibungsloser wird die Umstellung ablaufen. Das ist besser, als die Kinder zu bestechen oder wilde Versprechungen zu machen, um sie wohlgesonnen zu stimmen. Schön ist es, sich eine Belohnung auszudenken, wenn der Wiedereinstieg gelungen ist, und diesen dann gemeinsam zu feiern.

3. Schuldgefühle

Wenn du in einen neuen Lebensabschnitt startest, lässt du immer auch andere zurück. Das können die Kinder sein, denen gegenüber du ein schlechtes Gewissen hast, weil du fortan weniger Zeit hast. Das können andere Familienangehörige sein, für die du nun weniger Betreuungszeit hast. Das kann die Firmengründung sein, die du mit zwei Freunden geplant hast und jetzt nicht weiter verfolgen möchtest. Das kann die Charity- oder Hilfsorganisation sein, deren Motor du warst, in der du nun aber keine Perspektive mehr für dich siehst.

In all diesen Situationen könntest du Schuldgefühle haben oder das schlechte Gewissen, jemanden im Stich zu lassen aufgrund deiner Entscheidung zum Wiedereinstieg.

Lösungsvorschlag !

Hinter Schuldgefühlen bzw. schlechtem Gewissen verbirgt sich meist die Sorge, jemanden zu enttäuschen. Das macht es so schmerzhaft. Keiner will enttäuschen! Vor allem Frauen sind immer noch darauf programmiert, Erwartungen von anderen gerecht zu werden. Umso schwieriger ist es dann, seinen eigenen Weg zu gehen.
Ein Grund für Schuldgefühle ist häufig, dass es Erwartungen an dich gibt, die du mit deiner Entscheidung nicht mehr erfüllen kannst. Kläre für dich, inwieweit diese Erwartungen

begründet sind. Suche dann das offene Gespräch und erzähle, was du dir von diesem Schritt versprichst. Dein Gegenüber wird deine Entscheidung dann besser nachvollziehen können.
Auf jeden Fall wirst du mit deinen (Schuld-)Gefühlen besser umgehen können, wenn du verstehst, was ihnen zugrunde liegt.

4. Was andere denken
Was unsere engen Freunde denken, beeinflusst unser Handeln auf vielen Ebenen. Wenn alle deine Freunde berufstätig sind, wird dein Wunsch zu arbeiten wahrscheinlich auf große Akzeptanz stoßen. Anders kann es aussehen, wenn die Freunde nicht berufstätig sind. Dann könnte dein Vorhaben auf Unverständnis oder sogar Ablehnung stoßen. Neben allen sachlichen Argumenten geht es dabei immer auch um zwei wesentliche Punkte:

Erstens gehen mit dem Wiedereinstieg Veränderungen einher. Wenn du berufstätig bist, wirst du nicht mehr so viel Zeit wie früher für deine Freunde haben. Einmal kurz zusammen Eis essen gehen oder spontan mit den Kindern einen Ausflug machen, das wird nicht mehr so leicht klappen.

Du wirst neue, andere Dinge erleben, die mit deinen Freunden nichts zu tun haben. Du wirst berufliche Interessen haben, dich fachlich austauschen, vielleicht sogar Verhandlungen führen. Der Klatsch und Tratsch aus der Nachbarschaft oder dem Freundeskreis wird dann vielleicht nicht mehr ganz so spannend sein wie bisher – zumindest könnten das deine Freunde befürchten. Du startest in eine neue Lebensphase, du bist berufstätig und sie nicht. All das kann auf die anderen verunsichernd oder sogar bedrohlich wirken.

Der zweite Punkt knüpft direkt an. Du tust etwas, worüber die anderen vielleicht auch schon nachgedacht haben, worüber ihr alle eventuell schon mal gemeinsam gesprochen habt. Aber du setzt es in die Tat um. Das stellt deine Freunde vor die Frage, ob sie das nicht selbst auch machen sollten. Das ist unbequem und fordert heraus. Vielleicht hält dein Verhalten den Freunden sogar einen Spiegel vor, was alles möglich wäre, wenn man die eigene Komfortzone verlässt.

Sei darauf vorbereitet, dass dein Umfeld unterschiedlich reagieren könnte. Wenn du weißt, was dahinter steckt, fällt es dir leichter, damit umzugehen.

Es gibt noch einen weiteren Bereich, in dem die Meinung anderer deine Wiedereinstiegsentscheidung maßgeblich beeinflussen könnte. Meistens beginnen Gespräche dazu mit: »Du bist doch Innenarchitektin, warum willst du denn im Einrichtungsgeschäft jobben? Du könntest viel mehr erreichen!« Oder: »Du bist doch Anwältin, reicht dir das als Sachbearbeiterin bei der AWO Verträge zu bearbeiten?« Hinter diesen Reaktionen steht im Grunde der Zweifel: »Bei deinen Möglichkeiten könntest du etwas ganz anderes machen«. Prompt tauchen Fragen in dir auf, ob du deine Qualifikationen nicht falsch einsetzt und beruflich etwas anderes machen solltest.

Lösungsvorschlag !

Lass dich nicht beirren. Du hast dir im Vorfeld alles gut überlegt und deine Prioritäten richtig gesetzt. Reflektiere diese noch einmal – ohne an die Kommentare deiner Freunde zu denken.
Was andere von uns beruflich erwarten, stimmt nicht immer mit unseren eigenen Vorstellungen überein. Im Gegensatz zur ersten Berufskarriere, die geprägt war von den Erwartungen und Anforderungen der Eltern und Lehrer, bietet der Wiedereinstieg die große Chance, berufliche Ziele noch einmal neu zu überdenken.

5. Meine Unabhängigkeit

Momentan bist du der Bestimmer. Es gibt zwar einen zeitlichen Rahmen, der durch Kita, Schule und weitere Verpflichtungen vorgegeben ist. Aber wie du diesen Rahmen ausgestaltest, ist dir überlassen. Wann du den Haushalt machst, Freunde triffst, Hobbys nachgehst, entscheidest du allein. Du hast die Kontrolle darüber, wie der Haushalt organisiert wird. Du leitest ein Familienunternehmen und das seit Jahren.

Wenn du nicht vorhast, freiberuflich oder selbstständig zu arbeiten, wirst du mit einer Berufstätigkeit nicht mehr so unabhängig über deine Zeit verfügen können. Realistischer ist, dass deine Arbeitszeit und der Arbeitsort festgelegt sind und du jemanden hast, der deine Arbeit prüft. Es gibt mittlerweile zwar unterschiedlichste Arbeitsmodelle, bei denen Arbeitszeit und -ort individuell gewählt werden können, aber jede Flexibilität hat ihre Grenzen.

Selbst wenn du freiberuflich oder selbstständig arbeiten möchtest, wirst du Vorgaben in Bezug auf die Arbeitszeit und zeitliche Fristen, wie auch den Inhalt der Tätigkeit und eine Ergebniskontrolle, haben. Spätestens, wenn ein 25-jähriger Vorgesetzter an dir unberechtigte Kritik übt oder du in den Herbstferien nicht mit den Kindern verreisen kannst, weil du noch in der Probezeit bist und keinen Urlaub erhältst, spätestens dann könntest du ins Grübeln kommen, ob das mit dem Arbeiten die richtige Entscheidung war.

So anziehend du die Vorstellung eines Teams mit netten Kollegen, festem Gehalt und fachlicher Weiterentwicklung finden könntest, so abschreckend kann es gleichzeitig sein, zeitlich, räumlich und inhaltlich gebunden zu sein. Das ist ganz normal. Schließlich warst du viele Jahre dein eigener Chef, in deiner Familie.

! **Lösungsvorschlag**

Reflektiere, wie viel Flexibilität wirklich notwendig ist und wie viel du gerne haben möchtest. Allein schon diese zwei Aspekte können erstaunliche Antworten hervorbringen.

In Kapitel 3 sprechen wir noch ausführlich darüber, welches Setting für dich das Beste ist. Von dort ausgehend erstellen wir mögliche Einstiegsvarianten. Denn zwischen Festanstellung in Vollzeit und Solopreneurship gibt es eine Bandbreite an Arbeitsmöglichkeiten. Und darunter ist definitiv auch eine, die deinen Vorstellungen und Erwartungen gerecht wird.

6. Zutrauen

Es gab eine Zeit, da wusstest du genau, was du kannst und was deine Stärken sind. Worin du gut bist oder sogar besser als deine Kollegen und was nicht so dein Ding ist. Du warst auf dem neuesten Stand der Technik und kanntest die Pros und Cons der aktuellen Themen deiner Branche im Schlaf. All das hast du dir mehr oder weniger spielerisch angeeignet.

Heute fragst du dich vielleicht, ob du beruflich noch mithalten kannst. Ob du mit der neuen Technik klarkommen wirst. Was kannst du eigentlich wirklich gut, fragst du dich heute.

Während deiner Berufspause ist leider etwas Entscheidendes passiert. Der Statusverlust, der mit der Aufgabe des Jobs einhergeht, führt sehr oft – schleichend – zu einem Verlust des Zutrauens in die eigenen beruflichen Fähigkeiten. Aus Mangel an beruflichen Erlebnissen fühlst du deine Stärken nicht mehr. Getreu dem Motto »Ich arbeite nicht, also kann ich auch nichts« schrumpft dein berufliches Selbstvertrauen auf Fingerhutgröße zusammen.

Lösungsvorschlag

!

Wenn es dir so ergeht, denk einmal darüber nach, was dich hindert, deine Kenntnisse auf den neuesten Stand zu bringen. Du hast eine berufliche Auszeit eingelegt, und zwar aus guten Gründen. Aber damit bist du ja nicht weniger intelligent oder weniger klug als vorher, oder? Um es klarzustellen: Es kann erforderlich sein, Kompetenzen zu aktualisieren und sich neues Wissen anzueignen. Vielleicht wirst du sogar die Branche wechseln und dich beruflich neu aufstellen. Die weitaus größere Herausforderung besteht jedoch aus unserer Erfahrung darin, das Zutrauen in die eigenen beruflichen Fähigkeiten zurückzugewinnen. Denn am Ende ist es so: Je mehr Selbstvertrauen du ausstrahlst, umso eher trauen potenzielle Arbeitgeber dir zu, dir Wissen anzueignen und den Job zu meistern. Allein darum geht es. Da ein großer Schlüssel für deinen erfolgreichen Wiedereinstieg genau in diesem Zutrauen liegt, widmen wir das folgende Kapitel 2 nur diesem Thema.

7. Dein Alter

Dein tatsächliches Alter ist eine Sache – sich alt oder gar zu alt zu fühlen, ist hingegen eine ganz andere Angelegenheit. Wir hatten Workshop-Teilnehmer, die sich mit 37 Jahren zu alt fühlten, um den Beruf zu wechseln. Auf der anderen Seite erleben wir Wiedereinsteiger, die mit 52 Jahren und 15 Jahren Auszeit, beruflich ganz neu loslegen. Mit Erfolg!

Dass wir an unserem Alter nichts ändern können, ist eine Tatsache. Es gibt auch entgegen aller Versprechungen durchaus so etwas wie »Ageism«, also die Neigung, eher jüngere als ältere Bewerber einzustellen.

Du wirst aus deinem eigenen Erleben jedoch bestätigen können, dass es Berufstätige zwischen 20 und 70 Jahren gibt. Damit gibt es auch für dich noch eine große Anzahl an Jahren, die du vor dir hast, um berufstätig zu sein. Selbst mit 65 Jahren kannst du noch loslegen. Wir kennen aus unserem eigenen Verwandtenkreis das Beispiel einer 65-jährigen Frau, die nach ihrem Medizinstudium drei Kinder aufgezogen hat. Irgendwann waren die Kinder aus dem Haus. Was sollte dann kommen? Da las sie in einer Anzeige, dass ein Kiosk verkauft wird, bei dem die ganze Familie seit Jahrzehnten eingekauft hatte. Weil sie nicht wollte, dass dieser Kiosk eventuell einer anonymen Ladenkette weicht oder ganz verschwindet, ist sie ins kalte Wasser gesprungen und hat den Kiosk selbst gekauft. Sie hat sich in Buchhaltung, Warenlagerung, Einkaufskonditionen, Abrechnungen und vieles mehr eingearbeitet. Dabei hat sie teilweise zwölf Stunden gearbeitet, aber ihren Schritt in keiner Sekunde bereut. Einfach, weil sie sich lebendig fühlte, viel Wertschätzung von den anderen dankbaren Kunden bekam und jeden Tag unterhaltsame Geschichten erlebte.

! **Lösungsvorschlag**

Die Geschichte von der agilen Kioskbesitzerin ist sicher nicht der Regelfall. Aber erstens bist du wahrscheinlich auch noch keine 65 und zweitens soll sie nur bekräftigen, dass es nie zu spät ist und du nie zu alt bist, um beruflich wieder einzusteigen! Das Alter wäre nur eine Ausrede, aber kein Grund. Wenn für dich also das Alter ein Thema sein sollte, schaue hinter die Fassade dieses Gedanken. Was steckt wirklich dahinter? Wovor hast du vielleicht Angst? Was bereitet dir Unbehagen?

Jetzt kennst du die häufigsten Bedenken und hast dich vielleicht bei dem einen oder anderen Gedanken wiedergefunden. Diese Bedenken sind berechtigt, sollen dich aber nicht von deinem Ziel abbringen. Denn das würde bedeuten, einen großen Teil deines Lebens und deiner Persönlichkeit auf ein unbestimmtes »Später« zu verschieben.

Möchtest du das wirklich?

! **Action Step 2: Welche Hindernisse siehst du?**

Jetzt ist Showtime für alle kleinen und großen Zweifel, die du für deinen Wiedereinstieg siehst. Nimm dir ein Din-A4-Blatt und lege es hochkant vor dich. Oben schreibst du die Worte »Mein neuer Job« quer über das Blatt. Unten zeichnest du ein Strichmännchen ein. Das bist du. Dann zeichnest du eine Linie von unten nach oben.

Notiere jetzt in Stichworten, was dir auf dem Weg zu deinem neuen Job hinderlich sein könnte. Welche Überlegungen, Bedenken, Sorgen oder Zweifel hast du, wenn du an deinen Wiedereinstieg denkst? Notiere deine Gedanken entlang dieser Linie. Alle Notizen sind erlaubt, unabhängig davon, was andere vielleicht dazu sagen würden oder wie bedeutsam der Gedanke ist. Es geht allein um deine Wahrnehmung und um dein Gefühl. Sei dabei absolut ehrlich zu dir selbst. Wenn du fertig bist, liest du dir alles noch einmal durch. Ist es vollständig? Wenn nicht, mach einfach weiter, bis dir nichts mehr einfällt.

Im Schreiben sortieren wir unsere Gedanken und finden Worte für das, was uns beschäftigt. Daher ist es so wichtig, alle Bedenken, Vorbehalte oder Sorgen einmal ausformuliert und niedergeschrieben zu haben. Abbildung 2 zeigt, wie so eine Zeichnung aussehen könnte.

Lass die Zeichnung einen Tag ruhen und nimm sie dann wieder zur Hand. Überlege bei jedem Stichwort: Welchen Rat würdest du geben, wenn dir jemand anderes davon erzählt? Welchen Umgang mit den notierten Zweifeln und Hindernissen würdest du empfehlen? Nimm für die Beantwortung auch unsere Lösungsansätze zur Hand. Notiere deine Antworten ebenfalls entlang der Linie.

Auf mybook.haufe.de findest du alle Action Steps (Arbeitshilfe 1) und eine passende Vorlage (Arbeitshilfe 3).

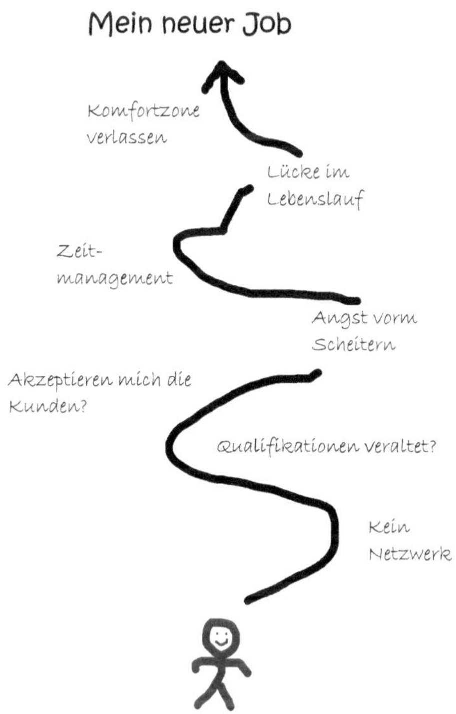

Abb. 2: Meine Hindernisse (Beispieltext)

1.3 Wann willst du loslegen?

Es gibt nicht den einen, richtigen Zeitpunkt zum Wiedereinstieg. So unterschiedlich der Anlass für deine Berufspause war, so verschieden wird auch der Moment sein, in dem du wieder berufstätig werden möchtest.

Du allein legst diesen Zeitpunkt fest.

Einige Wiedereinsteiger glauben, sie müssten erst ihre zeitlichen Rahmenbedingungen geklärt haben, ehe sie über die inhaltliche Ausgestaltung ihres Berufswunsches nachdenken können. Aber vielleicht weißt du zu diesem Zeitpunkt noch gar nicht, was genau du machen willst. Deswegen schlagen wir ein anderes Vorgehen vor.

Beantworte zunächst die folgenden drei W-Fragen:

1. *Was* motiviert mich?
2. *Was* interessiert mich?
3. *Was* möchte ich beruflich bewegen?

Wenn du diese Punkte für dich geklärt hast, wirst du viel eher einen Weg finden, wie du deinen Wiedereinstieg realisieren kannst. Nur so entwickelst du eine berufliche Vision, die dich nachhaltig motiviert. Das geschieht nicht, indem du beispielsweise schaust, welche Teilzeitangebote es gibt, die zu deinem Zeitrahmen passen könnten. Damit würdest du dich nur auf unnötige Weise im Vorfeld beschränken.

Es ist völlig klar: Wenn du jede zweite Woche deine Eltern pflegst, die 150 km entfernt wohnen, wirst du anfangs nicht in Vollzeit arbeiten können. Wenn es keine gute Nachmittagsbetreuung für deine Kleinen gibt, wirst du ebenfalls Einschränkungen haben. Aber vielleicht beginnt dein Wiedereinstieg ja mit einer Fortbildung, die du zeitlich frei einteilen kannst. Vielleicht beginnst du auch als freier Mitarbeiter. Mittlerweile gibt es vielfältige Möglichkeiten in Bezug auf die Arbeitsgestaltung, von denen dir einige sicherlich noch gar nicht bekannt sind.

Deine erfolgreiche Wiedereinstiegsreise beginnt genau in dem Moment, in dem du entschlossen bist, wieder loszulegen. Alles andere folgt zu seiner Zeit.

!

Action Step 3: Wann willst du loslegen?

Weißt du noch, wie du damals abgewogen hast, ob du mit der Arbeit für länger aufhören solltest? Welche Argumente sprachen dafür und welche dagegen? Jetzt machst du genau dasselbe noch einmal andersherum.

Denke über die folgenden vier Fragen nach. Sie helfen dir, den Stand heute besser einzuschätzen:

- Was hat damals für die Pause gesprochen?
- Was hat sich seitdem geändert?
- Was ist neu hinzugekommen?
- Inwiefern hast du dich verändert?

1.4 Welchen Support brauchst du?

Dein familiäres Back-up und andere Unterstützer

Selbstverständlich kannst du deinen Wiedereinstieg ohne weitere Unterstützung angehen. Auch dann wirst du es schaffen. Meistens kommen wir aber mit der Hilfe von anderen oder in einer Gemeinschaft viel weiter. Wir gelangen einfacher und schneller ans Ziel, wenn es jemanden gibt, der mitfiebert und uns entlastet, wenn es mal eng wird. Manchmal ist ein Wiedereinstieg auch nur dann möglich, wenn dir Arbeit abgenommen wird. Der Tag hat nach wie vor 24 Stunden, mehr wird es nicht. Wiedereinstieg bedeutet, seine Prioritäten neu zu verteilen und nicht, noch mehr Aufgaben in einer Stunde zu erledigen.

> *Man kann nicht gleichzeitig hundertprozentige Berufsfrau, hundertprozentige Mutter, hundertprozentige Partnerin sein ..., dann wird man ein dreihundertprozentiges Wrack.*
>
> Renate Schmidt (ehemalige Familienministerin)

Wir gehen im Folgenden auf drei Bereiche ein, in denen du dir Unterstützung suchen könntest.

1. Alltagsorganisation

Einige Wiedereinsteiger glauben, dass sie erst Hilfe in Anspruch nehmen dürfen, wenn sie den Job haben und nicht schon vorher. So ehrenhaft das ist, es ist keine gute Idee. Neue Abläufe in der Familie müssen sich erst einmal einspielen, am Anfang ist das für alle ungewohnt. Es rumpelt und knirscht im Getriebe, Aufgaben werden vergessen oder nachverhandelt, die Kinder maulen. Diese Phase möchtest du hinter dir haben, wenn es ernst wird. Du willst ja mit Feuereifer im neuen Job brillieren und nicht am ersten Tag völlig abgehetzt im Büro erscheinen. Denke an dieser Stelle schon einmal darüber nach, wer dir etwas abnehmen könnte. Einige Anregungen hierzu:

- *Der Partner*
  Wie hoch ist die Arbeitsbelastung deines Partners? Wie flexibel kann er seine Arbeitszeit bestimmen? Wäre es zum Beispiel möglich, dass er an einem Tag in der Woche früher nach Hause kommt, um sich um Haushalt und Kinder zu kümmern? Wie schnell kann er einspringen, wenn du arbeitest und ein Kind krank wird oder ein anderer Familienangehöriger akute Betreuung benötigt?

Gibt es einen anderen Bereich, den dein Partner dir abnehmen kann? Tina und Martin haben sich z. B. darauf geeinigt, dass er für die Wäsche zuständig ist. Bei vier Kindern ist das eine ganze Menge Wäsche. Aber Martin kann sich dafür die Zeit frei einteilen. Er macht das mal frühmorgens, mal spätabends, auf jeden Fall so regelmäßig, wie die Familie das vereinbart hat.

- *Familienangehörige, Freunde*

  Je kleiner die Kinder sind, umso mehr Betreuung brauchst du. Der Babysitter ist fest eingeplant, aber in Zukunft wirst du mehr Unterstützung brauchen. Ein zweiter Babysitter ist eine Möglichkeit, noch besser wäre es, ein weiteres Familienmitglied fest einzubinden. Gibt es Großeltern, Tanten, Cousinen, Neffen, die gerne mit den Kindern zusammen sind? Könnte z. B. einer von ihnen ein bis zwei Mal pro Woche Henry und Jonas zum Fußball bringen und wieder abholen? Mache deinen Wiedereinstieg zu einem erweiterten Familienprojekt. Damit erhöhst du nebenbei auch die Akzeptanz und das Interesse im Familienkreis.

  Du kannst z. B. in Gedanken eine Liste mit den Namen der Personen erstellen, die schnell einspringen könnten, wenn etwas Unerwartetes passiert, z. B. die Schule mal wieder ausfällt oder die Kita wegen Darmgrippe geschlossen wird. Das kann ein Familienangehöriger sein, das können aber auch Freunde sein, die sich gegenseitig aushelfen.

  Ein Beispiel: Jasmin hatte seit der Geburt ihrer Tochter eine Krabbelgruppe. Die Mütter trafen sich jeden Mittwoch und als eine Mutter nach drei Jahren wieder berufstätig wurde, organisierte sich die Krabbelgruppe so, dass einer immer die Tochter von Jasmin abholte und später zurückbrachte. Für die Tochter blieb alles beim alten und Jasmin hatte so für einen Tag der Woche bereits die Kinderbetreuung gesichert.

- *Haushaltshilfe*

  Trotz Staubsaug- und Mähroboter ist noch viel zu tun im Haushalt. Es könnte dich maßgeblich entlasten, wenn ein bis zwei Mal pro Woche eine Hilfe die Arbeit im Haushalt abnimmt. Das könnte viele Streitpunkte innerhalb der Familie von vornherein verhindern. Nicht zuletzt lassen sich haushaltsnahe Dienstleistungen von der Steuer absetzen.

- *Nachbarn*

  Die Nachbarn müssen ja nicht gleich als feste Babysitter engagiert werden, aber wäre es nicht praktisch, wenn sie die Pakete annehmen oder du einen Haustürschlüssel für den Notfall deponieren könntest? Vielleicht bist du ja mit deinen Nachbarn schon freundschaftlich verbunden, wenn nicht, wäre jetzt eine gute Gelegenheit, um engere Bande zu knüpfen. Nachbarn, die viel zu Hause sind, könnten die eine oder andere Gefälligkeit tun und dir damit unnötiges Gerenne zur Post oder nach Hause ersparen. Beginne jetzt schon damit, so einen Kontakt herzustellen, und nicht erst, wenn der Notfall eingetreten ist.

- *Leih-Oma*
  Nicht jeder lebt mit seiner Großfamilie und den Verwandten am selben Ort. Umso hilfreicher ist es dann, einen weiteren festen Ansprechpartner für die Kinder zu etablieren. Das können Freunde oder Nachbarn sein. Das kann aber auch so etwas wie eine Leih-Oma sein. Eine Leih-Oma ist eine rüstige Seniorin, die zumeist ehrenamtlich die Kinderbetreuung übernimmt und dafür einen kontinuierlichen Kontakt mit einer Familie hat. Es gibt auch Leih-Opas, aber bekannt ist das Konzept unter dem Namen Leih-Oma. Suche schon vor dem Wiedereinstieg den Kontakt zu einer Leih-Oma oder einem Leih-Opa. Die Kinder müssen sich an die Person erst einmal gewöhnen und auch du möchtest sehen, wie die Leih-Oma mit den Kindern umgeht, um ein gutes Gefühl zu haben, wenn du sie später mit den Kindern allein lässt.
  In zahlreichen Städten gibt es hierfür lokale Vermittlungsagenturen. Du kannst den Begriff und deinen Wohnort einfach in eine Suchmaschine eingeben, um schnell entsprechende Agenturen zu finden.

2. Privater Austausch

Emotionale Unterstützung ist ein Aspekt, der beim Wiedereinstieg häufig vernachlässigt wird. Einige machen das mit sich aus, anderen reicht es, wenn sie hören »Du schaffst das schon«. Dann gibt es aber immer noch viele, die etwas mehr Zuspruch brauchen. Am Wiedereinstieg zu arbeiten kann zwischendurch auch etwas zäh sein oder einfach langweilig, weil immer noch nichts Großartiges passiert ist. Obwohl du dein Bestes gibst. Das kann passieren. Wenn du jemanden hast, der dich motiviert, wenn du mal keine Lust hast, der dich bei Laune hält, wenn du durchhängst, und dir einen Schubs gibt, wenn du seit geraumer Zeit auf der Stelle trittst, dann ist privater Zuspruch Gold wert.

Es kommt noch ein weiterer Aspekt hinzu. Du wirst bei deinem Wiedereinstieg unterschiedlichen Herausforderungen begegnen. Wenn du dich mit jemanden darüber austauscht, wie du damit umgehen sollst, können Lösungswege entstehen, auf die du allein nicht gekommen wärst. Manchmal eröffnen sich durch ein solches Gespräch ganz neue berufliche Perspektiven.

Aus diesen Gründen empfehlen wir dir einen **Restart-Buddy**. Der Restart-Buddy begleitet dich auf deinem Weg zum Wiedereinstieg. Das ist eine Person, mit der du dich über einen bestimmten Zeitraum regelmäßig triffst, um ausschließlich über deinen Wiedereinstieg zu sprechen.

Hier findest du Anregungen, wer dein Restart-Buddy sein könnte.

- *Der Partner*
  Keiner kennt dich besser als dein Partner. Aber ist er auch der Richtige, um dein Restart-Buddy zu sein? Für die einen mag das sinnvoll sein, schließlich kennt der Partner deine Fähigkeiten und Wünsche, möchte dich unterstützen und könnte sich Zeit einräumen, um sich mit dir auszutauschen.
  Andere bevorzugen es, wenn sie einen Ansprechpartner haben, der außerhalb der Familie steht und von den Entscheidungen nicht unmittelbar betroffen ist. Dann wird auch weniger Familienzeit dafür verwendet, um über den Wiedereinstieg zu sprechen. Dies ist vor allem ratsam, wenn dein Partner so gut wie keine Familienzeit hat oder deinem Wiedereinstieg eher verhalten gegenübersteht.
  Grundsätzlich gilt, beide Varianten haben ihre Vorteile und beide Varianten führen zum Erfolg.
- *Freund oder Freundin*
  Nimm nicht deine beste Freundin oder deinen besten Freund als Restart-Buddy. Die Gefahr, dass ihr über tausend andere Dinge reden möchtet, ist viel zu groß. Ihr kennt euch auch viel zu gut, um einen neutralen Blick von außen zu ermöglichen. Suche stattdessen jemand anderen in deinem Umfeld, dessen Urteilsvermögen du schätzt.
- *Powerteam*
  Das Powerteam ist eine Gruppe von drei bis fünf Personen, die alle ein bestimmtes Ziel verfolgen. Das Powerteam trifft sich alle drei Wochen und tauscht sich aus. Dabei geht es jedes Mal nach der 1234-Methode vor: Ein Teilnehmer des Powerteams berichtet, was er sich letztes Mal vorgenommen hat (1). Dann erzählt er, was er davon erreicht hat (2). Als Drittes folgt, was ihm dabei gut gelungen bzw. schwergefallen ist (3). Dann kann er Fragen stellen oder die anderen um ein Feedback bitten (4). Das Ganze dauert ca. 15 Minuten. Anschließend ist das nächste Mitglied an der Reihe.
  Der Vorteil eines solchen Powerteams ist, dass man sich austauschen kann, wenn man mal nicht weiter weiß oder mit dem bisherigen Vorgehen nicht weiterkommt. Ähnlich wie bei einem Coach ist die Motivation mit einem Powerteam viel größer, als wenn ich allein an meinem Schreibtisch sitze und keiner

mitbekommt, ob ich meinen Lebenslauf heute, morgen oder erst nächste Woche schreibe.
Im besten Fall verfolgen alle Mitglieder dasselbe Ziel, z. B. den beruflichen Wiedereinstieg. Es ist aber auch möglich, dass sich eine Gruppe zusammenfindet, in der jeder ein anderes Ziel verfolgt. Entscheidend ist, dass man sich verbindlich für eine gewisse Zeit, beispielsweise über einen Zeitraum von sechs Monaten alle drei Wochen, trifft und die Schritte 1 bis 4 durchgeht.
Frage in deinem Umfeld einmal nach, ob es im weiteren Kreis jemanden gibt, der auch beruflich wiedereinsteigen möchte. Tut Euch zusammen – Powerteams machen Spaß und sind echte Beschleuniger.

3. Beratung durch Experten
Eine professionelle Unterstützung bietet sich dann an, wenn du entweder genau weißt, wohin du willst, aber noch nicht, wie du dorthin kommst. Oder wenn du überhaupt keine Vorstellung von deinen beruflichen Zielen hast. Oder wenn du einen sehr individuellen und intensiven Austausch bevorzugst.

- *Ehemalige Kollegen*
  Du kannst eine Person aus deinem früheren beruflichen Umfeld, sei es ein Kollege, Vorgesetzter oder eine andere Person, bitten, dich bei deinem Wiedereinstieg zu begleiten.
  Ein Vorteil könnte sein, dass diese Person deine berufliche Seite bereits kennt und diese einschätzen kann. Ein weiterer Vorteil wäre, dass sie dich mit den aktuellen Gepflogenheiten in der Branche wieder vertraut macht.
  Hinweis: Diese Person soll dich mit Rat und Feedback unterstützen, sie soll dir nicht einen Job verschaffen oder ihr Netzwerk für dich öffnen. Wenn du das genauso kommunizierst und dich auch daran hältst, wird das die Bereitschaft sehr erhöhen, dich zu unterstützen.
- *Coach*
  Du kannst auch einen Coach beauftragen, dich zu begleiten. Das sagen wir nicht nur, weil wir selbst begeistert coachen. Der professionelle Blick eines Coachs kommt dir vor allem bei der beruflichen Zielfindung zugute. Der Coach unterstützt dich darin, dir über deine zukünftige Ausrichtung klar zu werden. Er gibt dir weiterhin Tools an die Hand, um neue Gewohnheiten zu etablieren, deine Interessen umzusetzen und selbst gesetzte Ziele zu erreichen statt zu verschieben.
  Es gibt noch einen weiteren Grund, sich einen Coach zu nehmen. Die Selbstverpflichtung ist viel größer, wenn du dafür Geld ausgibst. Wenn du gut organisiert bist und gut für dich allein arbeiten kannst, ist das für dich eventuell weniger von

Bedeutung. Wenn du dich jedoch schwertust, dich allein aufzuraffen, und selbst gesetzte Termine immer wieder verstreichen lässt, dann könnte ein Coach genau das Richtige sein, um voranzukommen.

- *Berufsberatung*
  Die Berufsberatung ist ideal, wenn du sehr konkrete Fragen hast. Den Berufsberater kannst du beispielsweise fragen, ob dein Lebenslauf stimmig ist, welche Berufe zu deiner Ausbildung passen oder welches Gehalt du fordern kannst. Für einzelne Fragestellungen gibt dir der Berufsberater Empfehlungen.
  Indem du dir jetzt schon Unterstützung suchst – sei es nun Entlastung im Haushalt oder jemanden, der dich mit Rat und Feedback begleitet –, schaffst du dir Freiräume, um weiter an deinem Wiedereinstieg zu arbeiten. Gleichzeitig schwingt sich dein Umfeld dadurch langsam auf deine zukünftige Berufstätigkeit ein.

Bist du jetzt bereit?

! **Insights**

- Du allein entscheidest, wann du beruflich wieder loslegst.
- Wiedereinstieg ist nie zu früh und nie zu spät.
- Entschlossenheit ist der Treibstoff für dein Comeback.
- Gib deinen Zweifeln und Sorgen ein Gehör.
- Und erst recht deinen Wünschen.
- Mit Support kommst du leichter ans Ziel.

2 Schritt 2: Berufliches Selbstvertrauen neu aufbauen

Im Hafen ist ein Schiff sicher, aber dafür ist es nicht gebaut.
Seneca

Es gibt selten eine Zeit im Leben, die so von Zögern und Selbstzweifeln begleitet ist, wie die des beruflichen Wiedereinstiegs. Es fehlt das Zutrauen – du bist einfach nur aus der Übung. Du warst einmal mitten im Job, der Problemlöser für die kniffligen Fälle, die Frau für die schwierigen Mandate oder der Mann, der die Abschlüsse gemacht hat. Heute überlegst du, was davon noch übrig geblieben ist. Ob du den Wiedereinstieg schaffst, einen guten Platz im Berufsleben findest, dich im Job noch weiterentwickeln kannst. Vielleicht fragst du dich sogar, was du überhaupt noch kannst und erwarten darfst, weil du mehrere Jahre aus dem Job warst.

Aber: Du bist dieselbe Person wie damals – nur etwas aus der Übung!

Deshalb darfst du alles erwarten. Vieles ist möglich – wenn du es dir zutraust. Viele Wiedereinsteiger werden jedoch von einem Gefühl der Unsicherheit begleitet. Wir schauen jetzt erstmal, wie dieses Gefühl überhaupt entstanden ist. Eigentlich sind wir ja alle kluge, gestandene Berufstätige gewesen. Was ist passiert, dass wir uns zunehmend weniger zutrauen? Schließlich sind wir im Privatleben auch nicht auf den Kopf gefallen. Wahrscheinlich benötigt dein berufliches Selbstvertrauen nur ein Relaunch. Warum das völlig normal ist und wie du das hinbekommst, zeigen wir in diesem Kapitel.

2.1 Das Gefühl, den Anschluss verloren zu haben

Jeder, wirklich jeder, der eine Zeitlang nicht berufstätig war, hat den Eindruck, aus dem Tritt zu sein oder sich sogar etwas abgehängt zu fühlen. Dieses Gefühl kann schon recht schnell eintreten. So berichten Berufstätige, die ein Sabbatical – eine berufliche Auszeit von drei bis zwölf Monaten – einlegten, dass sie sich im Anschluss daran erst einmal wieder an das Arbeitstempo gewöhnen mussten. Einige Unternehmen stellen sogar spezifische Reboarding-Programme bereit, um die Wiedereingliederung zu erleichtern.[2] Wie soll es dann anders sein, wenn man zehn Jahre oder länger nicht im Job war? Dann ist man beruflich tatsächlich etwas eingerostet. Dabei dominiert das Gefühl, in einer anderen Welt stehen geblieben zu sein und den Anschluss an die aktuelle Arbeitswelt mit ihren Gepflogenheiten, Kommunikationstechniken und Arbeitspraktiken verloren zu haben.

Das mangelnde berufliche Selbstvertrauen bezieht sich insbesondere auf drei Aspekte:

1. Die Sorge, fachlich nicht mehr auf dem neuesten Stand zu sein

Nur wenige Wiedereinsteiger haben während ihrer Auszeit den Kontakt zu ihrer Branche gehalten und sind fachlich auf dem Laufenden geblieben. Sie wissen nicht mehr, wer was macht, welche Trends und Personen den Markt beherrschen. Wie auch? Die Zeit war für andere Dinge geblockt. Nun ist eine Lücke entstanden zwischen dem Wissen, das du früher hattest und heute vielleicht nur noch in Ansätzen vorhanden ist, und dem aktuellen Wissen, das heute in der Branche vorherrscht.

Und noch etwas kommt hinzu. Mit dem Siegeszug der neuen Technologien verändern sich ganze Branchen, alte Berufsbilder verschwinden und neue Berufe entstehen, deren Namen du vielleicht noch nicht einmal kennst.

2. Die Sorge, den technologischen Anschluss verpasst zu haben

Wir reden hier nicht von den Microsoft-Office-Programmen oder wie man Social Media nutzt. Fast monatlich kommen neue Apps und Softwareprogramme auf den Markt, die die Arbeitsproduktivität erhöhen sollen. Während die Generation Y damit vertraut ist, ihre Programme und Geräte regelmäßig upzudaten, wundern sich die Älteren, wenn eine Aktualisierung mit anderen Bedienfunktionen einhergeht. Auch hier ist eine Wissenslücke entstanden und die neuesten Technologien sind uns vielleicht noch nicht vertraut.

3. Die Sorge, dass eine Auszeit kein Gütesiegel ist

Da du schon einmal eine Auszeit genommen hast, fragen sich Personalentscheider, ob du das wieder machen würdest. Der Arbeitsmarkt ist zwar vielschichtiger gewor-

2 »Reboarding – erfolgreicher Wiedereinstieg im Unternehmen«, Haufe, Online-Artikel vom 29.07.2019 aufwww.haufe.de. https://www.haufe.de/personal/hr-management/reboarding-erfolgreicher-wiedereinstieg-im-unternehmen_80_494564.html

den und es gibt immer mehr Unternehmen, die Wiedereinsteiger vorbehaltlos einstellen. Es wird aber auch Personalentscheider geben, die deine Belastbarkeit mit einem Fragezeichen versehen. Egal wie gut du früher warst, im schlimmsten Fall wirst du als ein Wackelkandidat angesehen.

Du fragst dich vielleicht selber, ob du auf der Höhe deiner Leistungsfähigkeit bist. Unter Umständen sorgst du dich auch, wie analytisch dein Verstand noch ist, wie schnell du komplexe Zusammenhänge erfasst – du hast es schließlich einige Jahre nicht mehr gemacht. Insofern ist es nachvollziehbar, dass auch dein potenzieller Arbeitgeber sich diese Fragen stellt.

Was mangelndes Zutrauen für die Jobsuche bedeutet

Wer sich wenig zutraut und befürchtet, beruflich (weit) hinterherzuhinken, sieht vor allem seine Defizite und nicht die ebenso vorhandenen Kompetenzen. Insbesondere Frauen werten ihre Kompetenzen und Qualifikationen oft deutlich ab und machen einen unnötig weiten Rückschritt beim Wiedereinstieg.[3] So gibt es Wiedereinsteiger, die sich so wenig zutrauen, dass sie erst einmal einen Mini-Job annehmen. Was scheinbar wie ein kluger erster Schritt zurück in den Arbeitsmarkt wirkt, ist oftmals jedoch eine Falle. Einmal im Mini-Job bleibt die Mehrheit in diesem Segment »kleben« und schafft den Sprung in ein Vollzeitarbeitsverhältnis nicht mehr.[4]

Dann gibt es Rückkehrer, die sich für ihren Neustart auf Stellen bewerben, die weit unter ihren Qualifikationen liegen. Dieses Vorgehen kann durchaus Sinn machen, z. B. weil die Position den Einstieg in ein Wunschunternehmen oder eine Wunschbranche ermöglicht oder weil das Unternehmen in der Heimatstadt liegt und der kurze Arbeitsweg großen Mehrwert bringt. All das sind gute Gründe. Wenn aber nichts davon zutrifft, warum willst du dich dann auf eine Stelle bewerben, bei der du deine Kompetenzen nicht nutzen kannst?

Je mehr du deine Kompetenzen kleinredest, je niedriger das Kompetenzniveau, auf dem du wieder einsteigst, umso schwieriger wird es für dich später sein, an die wirklich attraktiven Stellen zu gelangen. Wenn du dich irgendwo als Office-Assistent

3 Institut der deutschen Wirtschaft Köln e. V, 2019, S. 4.

4 Bundesministerium für Familie, Senioren, Frauen und Jugend, Referat Öffentlichkeitsarbeit: Perspektive Wiedereinstieg – Ein Praxisbuch, 2014, S. 62.

bewirbst, wird man nicht verstehen, warum du kurz darauf Projektmanager sein willst. Abgesehen davon, dass man dir das dann auch nicht zutraut.

Verstehe das jetzt nicht falsch. Positionen wie Mini-Jobs und Office-Assistent könnten genau das Richtige für dich sein – wenn das dein berufliches Ziel ist. Schließlich gibt es noch viele andere Dinge im Leben. Aber wenn du diese Schritte deshalb gehst, weil du dir nicht mehr zutraust, dann raten wir ganz klar davon ab.

Potenziert wird die Diskrepanz zwischen deinem Zutrauen und deinen Fähigkeiten noch dadurch, dass die meisten Stellenanzeigen ohnehin überzogene Erwartungen und Anforderungen enthalten, die kaum einer erfüllen kann (nebenbei, das wird vom Arbeitgeber auch gar nicht erwartet, aber dazu später mehr). Aktiv Berufstätige lassen sich davon nicht abschrecken – Männer noch weniger als Frauen – und bewerben sich, weil sie sich zutrauen, die Position auszufüllen![5] Berufstätige Männer bewerben sich bereits, wenn sie nur 60 % der Anforderungen erfüllen, und vertrauen darauf, dass sie sich den Rest aneignen. Und der Erfolg gibt ihnen recht: Oftmals erhalten sie mit diesem Vorgehen eine Position – also konnten sie den Arbeitgeber von sich überzeugen.

Insofern hat das Vertrauen in die eigenen Fähigkeiten und die Sicherheit, andere davon zu überzeugen, eine immense Bedeutung für die erfolgreiche Jobsuche. Es besteht eine große Wechselwirkung zwischen deinem eigenen Zutrauen und dem, was dein Gegenüber dir zutraut.

US Unternehmen haben diese Wechselwirkung schon lange erkannt. Sie bieten Trainee-Programme für Personen an, die fünf und mehr Jahre nicht gearbeitet haben. In der Traineezeit erlebt das Unternehmen, was du wirklich kannst und welches Potenzial mit Coachings freigelegt werden kann. Am Ende der Traineezeit wird bewertet, ob und in welcher Funktion der Trainee übernommen wird.

Wenn du dich nicht mit deinem beruflichen Zutrauen auseinandersetzt, kann es dir leicht passieren, den Sprung in den Arbeitsmarkt nicht zu wagen. Viele Wiedereinsteiger sagen, sie müssten sich noch mehr vorbereiten, das Jobangebot sei nicht gut

---

5 »The Science of the Job Search, Part VII: You Only Need 50 % of Job-Requirements«, Artikel vom 27.11.2018, aufwww.talent.works.

genug oder die Familie könnte leiden. In Einzelfällen kann das zutreffen. Aus unseren Workshops wissen wir jedoch, dass dies für die Mehrzahl der Wiedereinsteiger nur vorgeschobene Gründe sind. Bei ehrlicher Betrachtung gaben alle an, sich den Schritt zurück ins Arbeitsleben einfach noch nicht zuzutrauen. Die Furcht vor dem nächsten Schritt oder vor einer möglichen Enttäuschung hält sie wie ein Gummiband zurück.

Über kurz oder lang wirst du jedoch darunter leiden, deine Talente nicht zu nutzen. Weil du in deinem Innersten weißt, was du kannst, und auch, dass du das endlich wieder zeigen möchtest. Du nimmst dir ein Stück deiner Freiheit.

Dein Zögern und Zurückweichen hat auch weitreichende Auswirkungen auf deine Alterssicherung. Mit jedem Monat, den du wartest, nimmst du dir ein Stück Freiheit für später. Nicht zuletzt geht der Wirtschaft mit deinem möglichen Verzicht ein kluger Kopf verloren.

Um dieser Falle zu entgehen, widmen wir uns jetzt der Stärkung deines Selbstvertrauens und (beruflichen) Zutrauens. Das wird dir ermöglichen, Vorstellungen und Wünsche zu realisieren, die dir jetzt noch unerreichbar erscheinen.

2.2 Zeit für ein Restart-Mindset

Während du diese Zeilen liest, hast du dich schon auf den Weg gemacht. Du hast vielleicht noch Zweifel, aber da gibt es auch eine Kraft in dir, die dir sagt, dass es erfüllender ist, seine Ängste zu bezwingen, als von ihnen bezwungen zu werden. Sie will, dass du dein ganzes Potenzial ausschöpfst und die ausgetretenen Pfade verlässt. Diese Kraft ist dein Triebwerk, um die Rakete für den Wiedereinstieg, den Restart zu zünden.

Noch ist sie vielleicht nicht ganz zielgerichtet, aber sie ist auf jeden Fall da. Jetzt geht es darum, sie in die richtige Spur zu leiten. In deine persönliche Restart-Erfolgsspur. Dafür benötigst du das entsprechende Mindset. Unter Mindset versteht man unsere Denkweise, unsere Einstellung, unsere innere Haltung. Diese Faktoren werden durch unsere Erziehung, unsere Erfahrungen, unsere Erlebnisse und unser Umfeld geprägt. Vieles ist dir sicher bewusst, ebenso viel läuft aber auch unbewusst ab. Kurz gesagt, entscheidet unser Mindset in allen Lebensbereichen darüber, *was* und *wie* wir etwas tun.

Seit mehr als vier Jahrzehnten beschäftigt sich **Carol Dweck**, eine hoch renommierte Psychologin von der Stanford University, genau mit diesem Thema. Sie erforscht, wie unser Mindset unsere Handlungen beeinflusst. Nach Dwecks Erkenntnissen lassen sich zwei Arten von Mindsets unterscheiden. Es gibt ein dynamisches und ein statisches Mindset.[6] Menschen mit einem **dynamischen Mindset** zeichnet aus, dass sie ...

- überzeugt davon sind, dass sie ihre Fähigkeiten ausbauen und weiterentwickeln können,
- wissen, dass Bereitschaft und Mühe notwendig sind, um etwas zu erreichen,
- einen Misserfolg als etwas sehen, aus dem man lernen kann.

Menschen mit einem **statischen Mindset** zeichnet aus, dass sie ...

- denken, ihre Talente und Fähigkeiten sind gegeben und müssen nicht entwickelt werden,
- Herausforderungen scheuen, deren Erfolg sie nicht absehen können,
- mit einem Misserfolg schlecht umgehen können, weil sie sofort an ihren Fähigkeiten zweifeln.

Grundsätzlich trägt jeder von uns eine Mischung aus beiden Mindsets in sich. Oftmals ist es aber so, dass insbesondere Wiedereinsteiger sich hinsichtlich ihrer beruflichen Wünsche und Vorstellungen eher im Lager des statischen Mindsets bewegen. Das Gute ist, jeder von uns ist jederzeit in der Lage, sein Mindset zu verändern. Auch du. Für einen erfolgreichen Wiedereinstieg ist ein dynamisches Mindset deswegen so wertvoll, weil es dir die Energie gibt, deine Ziele zu erreichen. Und ein echter Restarter zu sein.

Wie stärke ich mein dynamisches Mindset?

Als Erstes: Wechsel den Blick auf dich selbst. Es bedeutet einen himmelweiten Unterschied, ob du annimmst, den beruflichen Anschluss verloren zu haben, oder denkst, etwas aus der Übung zu sein. Dein Verhalten wird ganz anders sein, je nachdem ob du deine Auszeit als positiv siehst oder diese als Makel empfindest. Wenn du dich mit deiner Auszeit unwohl fühlst, werden es andere auch tun. Dein Blick auf dich selbst beeinflusst ganz wesentlich dein eigenes Leistungsvermögen. Er hat großen Einfluss darauf, was andere Personen dir zutrauen.

---

6 Carol Dwecks: 2017, S. 16 ff.

Fange an, jeden negativen Gedanken in einen positiven zu verwandeln – insbesondere die Gedanken, die um deinen Restart kreisen. Werde größer in deinen Plänen und formuliere ambitionierte Ziele. Egal, wie abwegig dir das in dieser Sekunde erscheinen mag. Versuche es! Denn wenn du an ambitionierte Ziele glaubst, stellst du andere Fragen, schlägst du andere Wege ein und probierst neue Dinge aus. Think big! Das wird dir Türen zu Möglichkeiten öffnen, die du dir bislang noch gar nicht vorgestellt hast.

Die folgenden sieben Beliefs bilden das Gerüst für dein neues Mindset:

Sieben Beliefs für dein berufliches Comeback !

1. Es gab gute Gründe für die berufliche Pause. Diese Gründe sind wertvoll und zeichnen dich aus.
2. Die Erfahrungen deiner Auszeit bereichern deine Persönlichkeit. Sie sind ein Gewinn, den du beruflich einsetzen kannst.
3. Du bist dieselbe tatkräftige Person wie früher, nur etwas aus der Übung. Das ist normal, das wären andere in deiner Situation auch.
4. Du hast vielfältige Berufserfahrungen, du bist kein Anfänger mehr.
5. Wenn man neu startet, können Fehler passieren. Probiere dich aus, um dich zu verbessern. Mit jedem Fehler entwickelst du dich weiter.
6. Lerne »nein« zu sagen. Nimm nicht das erstbeste Angebot an, sondern nur dasjenige, das wirklich zu dir passt.
7. Lobe dich für alles Erreichte, für jeden Schritt, den du gehst, für jedes Gespräch, das du suchst. Das ist nicht selbstverständlich!

2.3 »Yes, I can!« – Kickstart für dein neues Mindset

Diese sieben Beliefs sind ein wichtiger Anfang. Sei jedoch geduldig mit dir. Du wirst nicht von heute auf morgen ein neues Mindset entwickeln können.

Vielleicht hast du die letzten Jahre immer öfter gedacht, keinen guten Job mehr zu bekommen. Solche Gedanken entwickeln sich dann irgendwann leider zu einer Überzeugung, ohne dass uns das bewusst ist. Es ist schwerer, sich auf den Weg zu machen, wenn du von vornherein denkst, dass es ohnehin keinen guten Job mehr für mich gibt. So eine Überzeugung lässt sich aber zum Glück auch wieder ablegen, nur nicht innerhalb einer Woche. Um etwas in deiner Überzeugung und Haltung zu verändern, benötigst du zunächst einmal einen neuen Gedanken. Dieser neue Gedanke könnte lauten: »Ich bekomme den Job, den ich mir wünsche!«

Das klingt banal, hat aber große Auswirkungen. Das, was wir denken, ist das, was wir erleben. Dieser Gedanke ist dir sicher nicht neu, aber man kann ihn sich nicht oft genug bewusst machen. Indem du dir diesen neuen Gedanken immer wieder sagst, verändert sich etwas in deinem Gehirn. Dein Gehirn wird jetzt darauf getrimmt, die Mittel zur Verfügung zu stellen, die notwendig sind, damit dein Wunsch oder deine Vorstellung Realität wird. Das Gehirn wird alles aktivieren, was notwendig ist, damit dieser Wunsch Wirklichkeit werden kann. Es wird unser Denken und unser Handeln beeinflussen. Mit dem Gedanken »Ich bekomme den Job, den ich mir wünsche« wird unser Gehirn Dinge anders gewichten und bewerten, als wenn du denkst »Ich bekomme nie einen Job«. Es wird offen sein für neue Wege und Möglichkeiten. Nur durch einen neuen Gedanken, den du dir am besten tagtäglich sagst, wird sich deine Erlebniswelt verändern. Unser Gehirn kann nämlich nicht unterscheiden, ob etwas real oder nur eine Vorstellung ist. Das ist ein großer Vorteil, den wir uns für den Wiedereinstieg zunutze machen können. Mit deinem neuen Gedanken »Ich bekommen den Job, den ich mir wünsche« sendest du neue Signale an dein Gehirn, wodurch neue Neuronen aktiviert werden und dein gewünschtes zukünftige Geschehen vorbereitet wird. Dies gelingt nur, wenn du diesen Gedanken immer wieder denkst. Neue Gedanken kannst du dir wie einen Muskel vorstellen, der regelmäßig trainiert werden muss, um zu wachsen.[7]

Fünf Workouts für dein berufliches Zutrauen

Im Folgenden stellen wir die fünf wichtigsten Workouts vor, mit denen du dein berufliches Zutrauen stärken kannst.

1. Mach dir deine Erfolge bewusst

Wir alle haben in unserem ersten Berufsleben kleine oder große Erfolge gefeiert, Ziele erreicht und Menschen beeindruckt. Vielleicht sogar neue Dinge geschaffen oder konstruiert. Nimm dir einen Moment Zeit und notiere dann fünf berufliche Erfolge oder Ergebnisse, auf die du stolz bist. Fünf ist nicht viel, du hast viel mehr erreicht. Gehe in dich, um diese aus der Erinnerung hervorzuholen. In Abbildung 3 haben wir ein Beispiel aufgeführt. Diese Vorlage findest du auch auf mybook.haufe.de (Arbeitshilfe 4) als Download in den Arbeitshilfen online zum Buch.

---

7 Jo Dispenza. 2018, S. 87.

Vielleicht hast du den Eindruck, dass diese Erlebnisse aus einer ganz anderen Zeit stammen. Nur vage kannst du dich wiederfinden in der Person, die diese Erfolge hatte? Dann ist jetzt der Zeitpunkt gekommen, dieser Person aus der Vergangenheit Gehör zu verschaffen. Diese Seite der berufstätigen Frau oder des berufstätigen Mannes gehört nämlich immer noch zu dir. Das bist auch du.

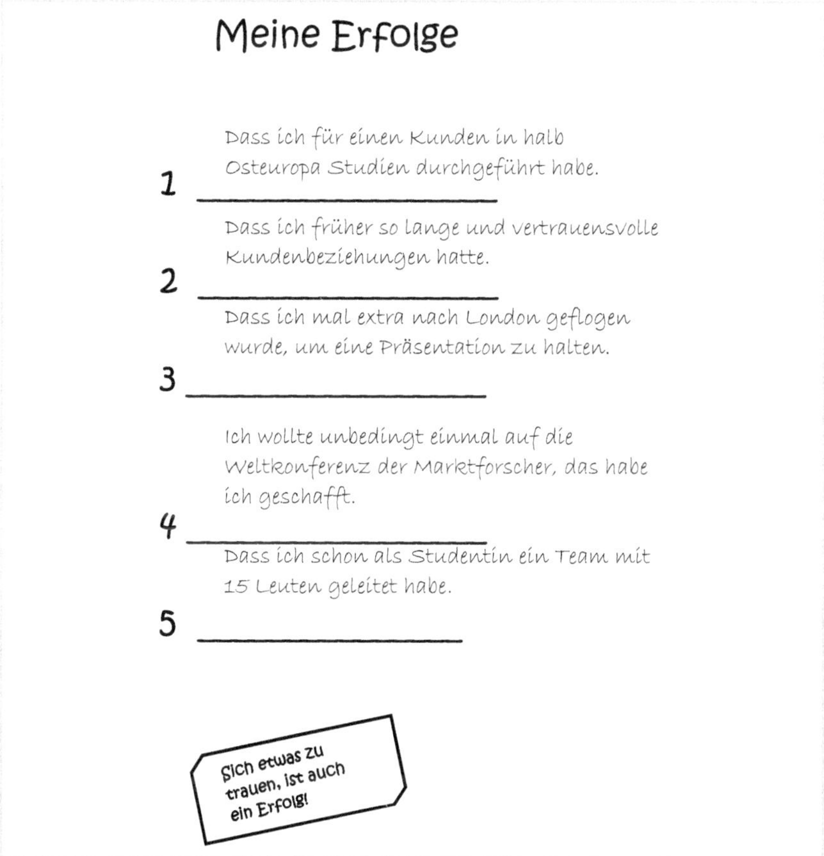

Abb. 3: Meine Erfolge (Beispieltext)

2. Beginne, über deine Zukunft zu sprechen

Beginne, in deiner Familie oder mit den engsten Freunden über deine Wünsche zu sprechen. Erzähle von deinen Überlegungen, wieder berufstätig zu werden, und von deinen Zukunftswünschen. Du brauchst noch gar nicht zu wissen, was genau du tun möchtest. Vielleicht schwebt dir eine grobe Richtung vor oder eine erste Idee. Das reicht. Deine Familie oder Freunde sind dir wohlgesonnen und wollen weiterhelfen.

Achte darauf, was sie dir für Fragen stellen. Darin können interessante Informationen für dich liegen. Nutzt jemand Begriffe, die klarer ausdrücken, was du früher beruflich gemacht hast? Dann greife diese Begriffe auf. Kann jemand treffender beschreiben, in welche Richtung du zukünftig gehen möchtest? Dann mache dir diese Formulierung zu eigen. Oder versteht jemand nicht, warum du wieder beruflich tätig werden möchtest? Dann frage ihn wiederum, was er nicht versteht. Das schärft auch deine eigene Vorstellungskraft. Versuche, aus jedem Gespräch etwas für deine Erzählungen zu gewinnen, wenn es dem Verständnis deiner beruflichen Zukunftspläne weiterhilft.

Wenn du mit deinem engsten Kreis gesprochen hast, weite die Gespräche aus. Rede auch mit Menschen über deine beruflichen Wünsche, die dir nicht ganz so vertraut sind, nähere und fernere Bekannte. Was stellen sie für Fragen? Verwenden diese Personen Begriffe oder Formulierungen, die du prägnant oder gelungen findest? Merke dir diese oder schreibe sie auf.

Du wirst feststellen, dass es dir immer leichter fallen wird, über deine beruflichen Wünsche zu sprechen. Mit jedem Mal wird deine Erzählung flüssiger und glaubwürdiger. Das ist der Moment, in dem dein berufliches Zutrauen beginnt Fuß zu fassen.

3. Kommuniziere mit Stärke

Am Anfang deiner Überlegungen, beruflich wieder einzusteigen, ist vieles noch unklar. Was genau du machen möchtest, in welchem zeitlichen Rahmen und eventuell auch, ob du selbstständig oder angestellt tätig sein willst. Alles steht zum jetzigen Zeitpunkt noch in den Sternen. Da passiert es nur zu leicht, dass man Dinge sagt wie:

!

Beispiel 1

»Ich könnte mir vorstellen, irgendwann wieder ein bisschen zu arbeiten. Aber das ist nur so eine Idee.«

Dieser Satz impliziert etwas, was typisch ist, wenn man sich unsicher fühlt: Er greift eine Idee auf und schwächt diese im selben Satz wieder ab: Du überlegst zu arbeiten, aber erst irgendwann und auch nur ein wenig, wenn überhaupt.

Es gibt zahlreiche kleine Worte und Wendungen, die wir nutzen, um nicht zu entschieden oder dominant zu wirken, die aber im Ergebnis dazu führen, dass wir als zögerlich, unsicher oder zweifelnd wahrgenommen werden. Eine der bekanntesten Coaches aus den USA, Tara Mohr, beschäftigt sich u. a. viel mit Sprechmustern. In Anlehnung an ihre Überlegungen listen wir typische Beispiele für Worte und Wendungen auf, die als unsicher wahrgenommen werden und vermieden werden sollten:

- »man«, »nur«, »könnte«, »eigentlich«
- »ein bisschen«, »ein wenig«
- Meinungen als Frage zu kaschieren
- nach jedem Satz »Macht das Sinn?« zu fragen
- einen Satz mit gehobener Stimme zu beenden, so dass es wie eine Frage klingt
- einen Satz mit »Ich bin ja kein Experte, aber …« oder ähnlich zu beginnen

Nach Tara Mohr machen wir das, weil wir etwas zu sagen haben, zugleich aber nett, flexibel und harmoniebereit sein möchten.[8] Mit Stärke zu kommunizieren bedeutet nach Mohr nicht, weniger nett oder unflexibel zu sein. Es bedeutet lediglich, auf die Formen der Verniedlichung und Abschwächung einer Aussage zu verzichten. Sobald wir darauf verzichten, erhalten unsere Aussagen mehr Gewicht, und mehr Kompetenz.

In diesem Sinne haben wir das Beispiel 1 von oben etwas umformuliert:

Beispiel 2 !

»Ich überlege, meine Erfahrungen in naher Zukunft wieder beruflich einzusetzen.«

Wie wirkt das auf dich? Ganz anders, oder? Du könntest diesen Satz aber auch bereits als zu entschieden auffassen. Dann könntest du im folgenden Satz weitere Erklärungen liefern.

Bei unserem ersten Beispiel ist es vielleicht noch nicht so dramatisch, wie man den Satz formuliert. Anders sieht es aus, wenn du dich und deine Erfahrungen beschreibst. So macht es einen entscheidenden Unterschied in Bezug auf deine Glaubwürdigkeit und die Kompetenzen, die man dir zuschreibt, ob du z. B. sagst:

8 Tara Mohr, 2015, S. 181.

! **Beispiel 3**

»Ich habe ein bisschen Erfahrung im Eventmanagement, aber das ist länger her.«

oder:

! **Beispiel 4**

»Ich habe mehrere Jahre im Eventmanagement gearbeitet und war immer auf dem Laufenden.«

Deswegen fange direkt heute damit an, auf dein Sprechmuster zu achten. Schenke ihm Aufmerksamkeit und beobachte, wie oft du Worte, die Unsicherheit ausdrücken, verwendest, und versuche den Satz in ein neues Sprechmuster zu bringen. Ohne Abschwächung und ohne Verkleinerung. So ungewohnt es am Anfang noch sein mag, so wirst du relativ schnell merken, wie viel besser sich das anfühlt. Deine Gesprächspartner werden dich als kompetent einschätzen und das färbt auf dich ab und stärkt dein Zutrauen wieder ein Stück mehr.

4. Aktualisiere dein Wissen

Nachdem du mit mehreren Personen gesprochen hast, ist es jetzt Zeit, das Projekt deines beruflichen Wiedereinstiegs mit Wissen anzufüllen.

Taste dich wieder an die Arbeitswelt heran, indem du dich darüber informierst, was heute in deiner Branche besprochen wird. Gibt es einen digitalen Branchendienst oder eine Website mit News aus deinem Bereich? Dann fange an, diese Informationen regelmäßig, z. B. wöchentlich, zu lesen. Ein Newsletter, der News und Trends zusammenfasst, wäre ebenfalls eine Möglichkeit, um wieder auf den neuesten Stand zu kommen. Gibt es ein Unternehmen, das führend ist? Oder eine Person, die das Geschehen der Branche maßgeblich bestimmt? Folge dieser Person auf Kanälen wie Facebook, Instagram, Xing oder LinkedIn.

Versuche, viele Informationen zu erhalten, um ein immer schärferes, gegenwärtiges Bild von der Branche zu gewinnen. Schon mit diesem Wissen, wirst du merken, wie du beginnst, dich sicherer zu fühlen. Du könntest wahrscheinlich jetzt schon in vielen Gesprächen zu deiner Branche eine Menge interessanter Fakten beitragen. Aber du befindest dich zu diesem Zeitpunkt in einem Sammelmodus. Versuche, nicht nur aus deiner Branche, sondern aus dem Arbeitsmarkt im Allgemeinen so viele Informationen wie möglich zu ziehen. Was sind die großen Themen der Wirtschaft, was beeinflusst deine Branche? All das hilft dir, dich in der Berufswelt intellektuell wieder zu orientieren.

Wenn du noch überhaupt keine Idee hast, in welche Berufsrichtung du gehen möchtest, ist ein allgemeiner Überblick, was die Wirtschaft, das Handwerk, die Gesellschaft beschäftigt, ein guter Startpunkt für deine eigenen Überlegungen. Verschaffe dir eine Übersicht und mache dich mit dem entsprechenden Business Wording vertraut. Im Laufe des Buches wirst du auch in diesem Buch eventuell auf Worte bzw. zumeist auf Amerikanismen stoßen, die du vielleicht noch nicht kennst. Google sie einfach und behalte sie im Kopf bzw. nehme sie in deinen eigenen Sprachgebrauch auf, wo es Sinn macht. Die Zielsetzung ist, Themen und Begriffe grob einordnen zu können. Es geht nicht darum, ein wandelndes Branchenlexikon zu werden oder für alle möglichen Fragestellungen eine Antwort parat zu haben.

Wir sagen das so deutlich, weil dieser Schritt dazu verleiten könnte, in der Vorbereitung für den Wiedereinstieg hängen zu bleiben und den Sprung in den Arbeitsmarkt unnötig lange hinauszuzögern. Es gibt Wiedereinsteiger, die sich perfekt vorbereiten und für alle Eventualitäten gewappnet sein wollen. Eine perfekte oder vollständige Vorbereitung ist jedoch nie möglich. Dieser Perfektionismus in der Vorbereitung führt nur dazu, dass der Wiedereinstieg nicht erfolgt oder zumindest unnötig in die Länge gezogen wird. Wie du dich davor bewahren kannst und inwieweit du informiert sein solltest, machen wir an dem folgenden Beispiel fest:

Wenn du z. B. aus der Automobil- oder Verkehrsbranche kommst oder in dieser Branche zukünftig arbeiten möchtest, ist es gut zu wissen, dass E-Mobilität derzeit das große Thema ist. Um hierüber etwas genauer Bescheid zu wissen, könntest du mit folgenden Fragen an deine Recherche herangehen: Wer ist hier der Vorreiter? Welche Vorteile gibt es bei E-Mobilität? Welche Nachteile? Was sagen die Befürworter? Was sagen die Kritiker?

Wenn du diese Fragen grob beantworten kannst, bist du ausreichend vorbereitet. Du weißt nun über die wichtigsten Entwicklungen in dieser Branche Bescheid und kannst dich differenziert dazu austauschen. Das reicht dann auch. Denn wir wollen uns nicht perfekt, sondern nur gut vorbereiten.

5. Den Sprung wagen

Du hast jetzt mit Familie, Freunden und Bekannten über deinen Wiedereinstieg gesprochen, du hast dein Wissen aktualisiert und weißt durch die Recherche in deiner Branche schon sehr viel mehr als noch vor ein paar Wochen. Der nächste Schritt besteht darin, über diesen Kreis hinauszugehen und mit Personen über deinen beruflichen Wiedereinstieg zu sprechen, die nicht aus deinem privaten Umfeld kommen. Dafür müssen wir die eigene Wohlfühlzone verlassen. Das fällt keinem von uns leicht, aber umso wertvoller ist es für unsere Weiterentwicklung.

Nimm als Erstes Kontakt mit ehemaligen Berufskollegen auf. Sie kennen und erinnern dich als die kompetente, erfolgreiche berufstätige Person, die du damals warst. Ihr Blick auf dich ist von damals geprägt, mache dir das zunutze. Verabrede dich auf einen Kaffee oder zum Essen und erzähle von deinem Wunsch, wieder berufstätig zu werden. Höchstwahrscheinlich werden deine ehemaligen Kollegen dir Mut zusprechen und dir das zutrauen – sie wissen, wie gut du bist.

Du kannst die Gelegenheit auch nutzen, um mehr über die Branche im allgemeinen oder einzelne Unternehmen zu erfahren. Nimm wieder, wie schon in Workout 2, bei jedem Gespräch die Fragen und Anregungen deines Gegenübers auf. Gibt es interessante Informationen zu dem Unternehmen, der Branche? Oder gibt es hier fachliche Begriffe oder Formulierungen, die neu für dich sind? Gibt es Ansatzpunkte, die gut ausdrücken, was du machen möchtest? Dann übernimm auch diese wieder für dein nächstes Gespräch.

Statt ehemalige Kollegen kannst du auch ehemalige Vorgesetzte, Kunden und Lieferanten ansprechen. Falls dir dieser Schritt schon zu weit geht, kannst du in einem ersten Schritt auch ehemalige Studienkollegen ansprechen. Entscheidend ist, dass du dich aus deiner Komfortzone hinausbewegst und gewissermaßen in eine neue Situation »springst«. Dieser Sprung zeichnet sich durch fünf Kriterien aus:

1. Du machst *jetzt* etwas, das du dir bislang nicht zugetraut hast.
2. Du kannst es in ein bis zwei Wochen erledigen.
3. Es ist eine einfache Handlung, die du in einem Satz beschreiben kannst.
   Beispiele: »Ich werde einen ehemaligen Kollegen treffen.«, »Ich werde das Unternehmen anrufen.«
4. Dein Adrenalin steigt, weil du deine Komfortzone verlässt.
5. Du machst den Sprung, um zu lernen und um dich zu verbessern.

Mit einem Sprung gehst du über deine bisherigen Grenzen hinaus und kommst ins Handeln. Vor allem aber bist du im Übungsmodus, egal was du machst, es ist noch nicht fertig oder ausgereift und wahrscheinlich auch noch nicht vollkommen. Aber das, was du durch den Sprung lernst, ist viel mehr wert, als das, was du mit dem Lesen von Büchern oder in der Theorie lernen könntest.

Auch wenn wir diese fünf Schritte nacheinander ausführen, so ist die Praxis kein linearer Prozess. Die meisten Wiedereinsteiger springen zwischen den einzelnen Schritten hin und her. Mal liegt der Fokus auf Gesprächen, mal auf dem Sprung ins Handeln. Beginne mit dem, was dir am meisten liegt oder vertraut ist. Gehe die fünf Schritte nach deinen Vorlieben in deinem Tempo durch.

Ein guter visueller Anker zur Stärkung deines dynamischen Mindsets besteht darin, deine persönliche **Wall of Fame** zu erstellen.

Deine Wall of Fame

Das erste Gespräch mit der Familie, der Blick in den Wirtschaftsteil einer Zeitung, das Abonnieren des Branchen-Newsletters – all das sind kleine Erfolge auf deinem Weg zum Wiedereinstieg. Diese wollen wir mit der Wall of Fame festhalten. Die Wall of Fame ist eine Pinnwand. Vielleicht hast du noch eine zu Hause hängen. Ebenso gut ist eine Pappe im DIN-A2- oder DIN-A3-Format. Kleiner sollte es nicht sein, denn du wirst viel zu notieren haben. Auf dieser Wall notierst du fortan alles, was dich deinem Ziel »Wiedereinstieg« näher bringt. Alle Schritte, Momente, Erfolge, alles, was du dir vorgenommen und erreicht hast. Sei dabei großzügig mit dir, notiere auch kleine Gegebenheiten. Auch das Lesen dieses Buches gehört dazu.

Du kannst deine Erfolge niederschreiben, du kannst aber auch zeichnen, Bilder aufkleben, Handynummern und Namen notieren, Notizen anheften, Ergebnisse skizzieren. Deiner Phantasie sind keine Grenzen gesetzt. Hauptsache, du machst die einzelnen Schritte deines Weges zum Wiedereinstieg sichtbar.

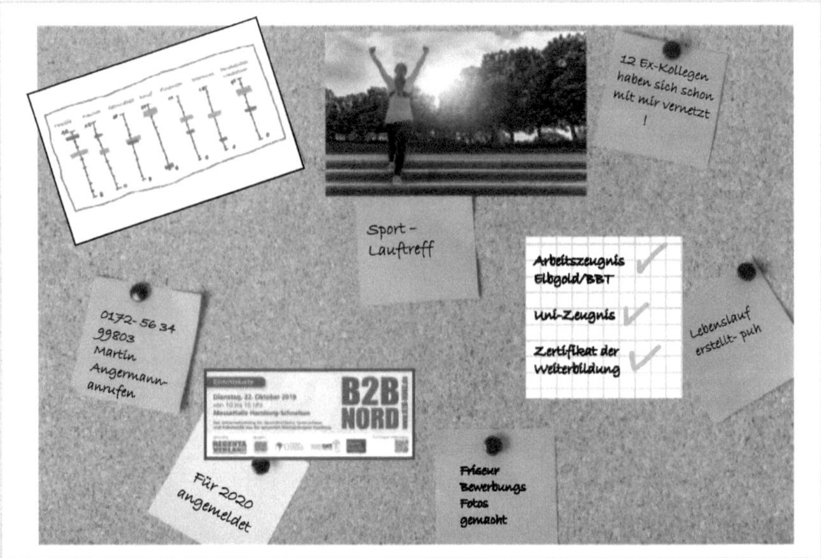

Abb. 4: Wall of Fame (Beispiel)

Die Wall of Fame spiegelt dir, wie weit du schon gekommen bist. Sie wird dich motivieren und dein Selbstvertrauen stärken. Zudem bringt es Spaß zu sehen, wie man sich entwickelt, und im Rückblick wirst du interessante Erkenntnisse gewinnen. Wenn dir die Wall zu groß ist, gibt es auch andere Möglichkeiten, um sich seine Erfolge bewusst zu machen: Wir haben hierzu **Antje Heimsoeth**, Expertin für mentale Stärke, gefragt. Dies schlägt sie vor:

»Führen Sie ein Erfolgstagebuch. Schreiben Sie mindestens einmal die Woche alle kleinen, mittleren und großen Erfolge in ein schönes Buch auf…
Erfolge bestehen nicht nur im Erreichen gesetzter Ziele, sondern immer dann, wenn etwas er-folg(t) ist.
Ich kann mir auch am Ende des Tages bewusst machen: Welche Stärken habe ich heute gezielt nutzen können?
Wo habe ich heute auf mein berufliches Ziel eingezahlt? Habe ich heute wirklich etwas getan, was mich meinen beruflichen und privaten Zielen näher gebracht hat?

Das dient dazu, dass wir den Fokus behalten, denn um erfolgreich zu sein, braucht es Fokus, Klarheit über Werte und Ziele und Fleiß. Ohne Fleiß kein Erfolg, denn Erfolg regnet auch in heutigen Zeiten nicht vom Himmel.«[9]

Doch wohin soll es eigentlich gehen? Was genau willst du beruflich erreichen? Im nächsten Kapitel geht es darum, deine berufliche Zukunft im Detail zu entwerfen.

Insights !

- Deine früheren Erfolge gehören auch heute noch zu dir.
- Ein Restart-Mindset stärkt dein Selbstvertrauen.
- Fange mit einem kleinen Schritt an.
- Trainiere neue Gewohnheiten.
- Suche dir relevante Gesprächspartner.

9 Blogpost »5 Fragen an Antje Heimsoeth – Expertin für mentale Stärke«, veröffentlicht am 30.09.2019 aufwww.restart-today.de.

3 Schritt 3: Was möchtest du? Der Job, der heute zu dir passt

Wir sind verantwortlich für das, was wir tun,
aber auch für das, was wir nicht tun.
Voltaire

Du bist der Dirigent deines Lebens und dein nächster Song heißt »Mein Comeback«. Bei diesem Song stehst du im Mittelpunkt, mit all deinen Vorstellungen vom Leben. Wie soll dieses Leben zukünftig aussehen? Soll der zukünftige Beruf der Pacemaker werden, der alle anderen Lebensbereiche dominiert? Willst du Job und Familie gleich viel Zeit zugestehen oder eventuell ein Hobby zur Lebensaufgabe erklären? Du hast in deiner Berufspause neue Erfahrungen gemacht. Jetzt ist der Moment da, um zu schauen, ob alte Vorstellungen noch passen, und die einzelnen Bereiche deines Lebens genau abzuwägen und eventuell neu auszubalancieren.

In diesem Kapitel baust du das Fundament, auf dem deine kommende Berufswahl steht. Hier erlangst du die Klarheit, um später zu entscheiden, welche beruflichen Optionen mittlerweile für dich reiz- und sinnvoll sind und welche einfach nur gut klingen. Hier gewinnst du die Motivation, um neue Wege zu gehen, die dich zu deinem Lebenstraum bringen.

Du hast jetzt die Chance, einen neuen Soundtrack für dein Leben zu komponieren.

3.1 Am Mischpult deines Lebens

Stell dir vor, du stehst wie ein Musikproduzent an einem Mischpult[10] und kannst durch das Rauf- und Runterschieben der Regler den Sound deines Lebens mischen.

Das Mischpult hat Regler für verschiedene Lebensbereiche. Geht der Regler in einem Lebensbereich runter, wird es dort leiser und du verringerst die Bedeutung dieses Lebensbereiches für dich. Geht der Regler hoch, wird es dort lauter und du baust seinen Stellenwert aus. Wenn du alle Regler ganz hoch setzt, ist es nur noch laut. Harmonisch wird der Klang deines Lebens erst in der gekonnten Abstimmung aller Regler. Eine reizvolle und anspruchsvolle Aufgabe.

Vor dem Wiedereinstieg ist der Zeitpunkt, um dein Leben neu »einzupegeln«. Denn in den letzten Jahren haben Sachzwänge und Gewohnheiten dein Leben geprägt. Aus vorübergehenden Lösungen sind feste Routinen geworden, aus Kompromissen sind scheinbare Gewissheiten entstanden. Du hast dich entwickelt, höchstwahrscheinlich auch verändert. Stimmt da die Gewichtung der einzelnen Lebensbereiche noch? Erhält das, was dir wichtig ist, genügend Platz? Ist der Energieaufwand, den du in einzelne Bereiche steckst, angemessen?

Entwickle jetzt deine ideale Balance. Diese Balance ist es, die du in Zukunft erreichen möchtest. Sie ist dein übergeordnetes Ziel, die dir Kraft, Energie und Inspiration gibt. Die dich motiviert, deinen nächsten Job zu finden, weil er ein wesentlicher Baustein für deine zukünftige Balance ist.

Unser Mischpult besteht aus sieben Reglern und jeder Regler steht für einen Lebensbereich: Familie, Freunde, Gesundheit, Beruf, finanzielle Sicherheit, Interessen, persönliches Wachstum. Damit du siehst, ob und wie sich die einzelnen Bereiche deines Lebens in Harmonie befinden, beginnen wir jetzt mit dem ersten Soundcheck.

Stelle jeden Regler so ein, wie es dein momentanes Leben am besten widerspiegelt. Nicht wie es sein sollte, sondern wie es momentan ist. Die Skala zeigt an, wie groß der Raum ist, den der jeweilige Bereich aktuell in deinem Leben einnimmt. Ganz oben auf der Skala heißt demnach sehr viel, ganz unten bedeutet sehr wenig Raum.

10 Diese Idee stammt aus dem Buch »Design your Life« von Robert Kötter und Marius Kursawe: 2015.

In der folgenden Abbildung 5 zeigen wir ein Beispiel für ein ausgefülltes Mischpult. Das ist der aktuelle Sound deines Lebens.

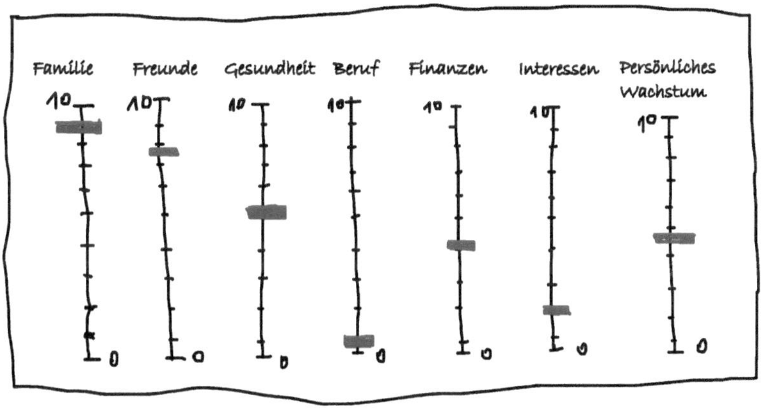

Abb. 5: Mein aktueller Sound

Action Step 4: Wie ist der Sound deines Lebens?

Zeichne ein Mischpult wie oben abgebildet oder lade die Vorlage auf mybook.haufe.de (Arbeitshilfe 5) herunter. Nimm dir einen roten Filzstift und zeichne bei jedem Lebensbereich den Regler an der Stelle ein, die wiedergibt, wie viel Raum dieser Bereich momentan in deinem Leben einnimmt.
Es gibt Wiedereinsteiger, bei denen die Regler relativ gleichmäßig auf einem Niveau stehen, und es gibt Wiedereinsteiger, bei denen sich Höhen und Tiefen miteinander abwechseln. Am »Mischpult deines Lebens« gibt es kein richtig oder falsch. Zwei Fragen nach Kötter/Kursawe (2015) helfen dir, dein Mischpult besser zu interpretieren:

- Bei welchen Bereichen steht der Regler ganz oben und bei welchen ganz unten? Warum?
- Wie ist der Sound insgesamt? Eher harmonisch oder durchzogen von Dissonanzen?

Der Mix für dein zukünftiges Leben

Nachdem du eben dein aktuelles Leben visualisiert hast, geht es im nächsten Schritt darum, den Sound für dein zukünftiges Leben zu mixen.

Schau dir als Erstes den Regler »Beruf« an. Dieser wird wahrscheinlich im Soundcheck auf 0 oder 1 gewesen sein, du hast ja noch keinen Job. Wie hoch soll der Regler nun gestellt werden, wie viel Raum soll der Job zukünftig in deinem Leben einnehmen? Möchtest du eine neue Karriere starten, beruflich in der Welt herumreisen und dem

Job soviel Raum wie möglich geben? Dann würdest du den Regler wahrscheinlich auf 9 oder 10 stellen. Möchtest du Raum für den Beruf schaffen, aber auch Freunden und Familie einiges an Raum geben? Dann würde der Regler eher zwischen 5 und 7 stehen.

Denke in Ruhe darüber nach. Es geht um *deine* Gefühle und *deine* Vorstellung, nicht darum, was der Partner, die Schwiegermutter oder deine Ex-Kollegen sagen.

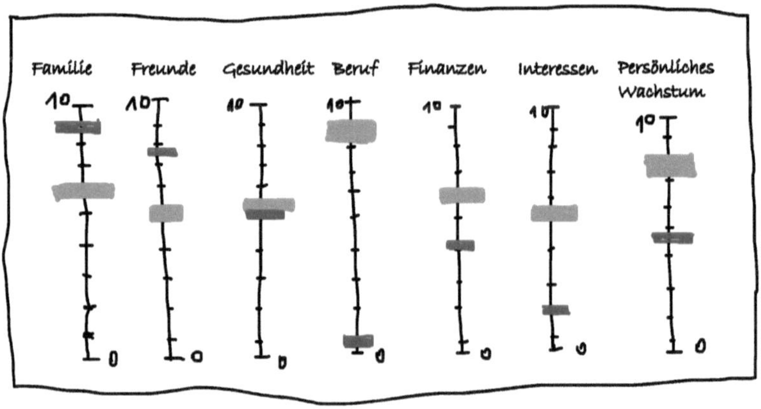

Abb. 6: Wunschsound für mein Leben

! **Action Step 5: Der Sound deines zukünftigen Lebens**

Trage nun an deinem Mischpult für den Lebensbereich »Beruf« mit einem grünen Filzstift einen zweiten Regler an der Stelle ein, an der du ihn gerne hättest.
Wie sieht es in den anderen Lebensbereichen aus? Was möchtest du ändern? Soll mit der Berufsaufnahme ein anderer Bereich runtergefahren werden? Das könnte dir zusätzliche Energie für den Beruf geben.
Willst du alles andere so belassen und allein deinem Berufsleben mehr Raum geben? Trage mit einem grünen Stift in der Abbildung 6 für alle anderen Bereiche einen zweiten Regler ein. Dieser Regler kann an derselben Stelle sein, wie der erste. Dann willst du in dem Bereich nichts ändern. Er kann aber auch höher oder tiefer liegen, ganz so wie du willst.

Im ersten Moment könntest du geneigt sein, alle Regler nach ganz oben zu schieben. Da müssen wir dich enttäuschen, so einfach ist das Leben nicht. Es würde auch nicht automatisch bedeuten, dass alles hervorragend wäre in deinem Leben. Durch die Abhängigkeit der einzelnen Bereiche untereinander ist es notwendig, dass die Bereiche auch aufeinander abgestimmt werden. Stell dir ein Orchester vor, bei dem jedes Instrument so laut spielt, wie es kann. Klänge das gut? Das Gleiche gilt für die »Auspegelung« deines zukünftigen Lebens. Nur wenn ein Aspekt etwas zurücktritt, kommt der andere dafür erst richtig zur Geltung.[11]

Nachdem du nun deine Regler eingestellt hast, siehst du auf den ersten Blick für jeden Bereich den Status quo (roter Regler) und deinen Wunschsound (grüner Regler). Schau dir jetzt an, in welchen Bereichen sie noch weit auseinanderliegen und in welchen Bereichen sie sich angenähert haben. Dort, wo der Status quo und der Wunschsound weit auseinanderliegen, gilt es genau hinzuschauen. Welche Einsichten für deine berufliche Zukunft lassen sich daraus gewinnen?

Stelle dir folgende Fragen:

- In welchem Bereich liegt mein Wunschsound noch weit vom Status quo entfernt? Woran liegt das?
- Was kann ich tun, um in diesem Bereich meinem Wunschsound näher zu kommen?

Notiere dir deine Ideen und Gedanken dazu auf Post-its und hefte diese mit deinem Mischpult an deine Wall of Fame. Der Mix aus beiden ist dein übergeordnetes Ziel und hilft dir bei der Prioritätensetzung.

3.2 Was ist dir heute wichtig?

Damit dein Wunschsound richtig satt wird, fügen wir jetzt noch deine Werte – sozusagen als Subwoofer – hinzu. Werte sind tief verwurzelte und bedeutsame Überzeugungen, Haltungen, Einstellungen, Ideale und Bedürfnisse, die zu uns gehören und unserem Handeln, Denken und Fühlen zugrunde liegen.

Meistens bemerken wir nicht, dass wir unser Handeln zu weiten Teilen an unseren Werten ausrichten, so selbstverständlich sind diese für uns. Doch Werte scheinen veränderbar. Besondere Lebensereignisse wie Familiengründung, Krankheit, Tod, aber auch andere emotional tief bewegende Erlebnisse, können dazu führen, dass sich unsere Werte ändern. Und plötzlich bewerten wir Dinge anders als zuvor und ändern unsere Handlungsweisen.

11 Ebd., S. 58.

Eine berufliche Auszeit, egal wie kurz oder lang sie war, ist für viele eine Phase, in der sich Wertigkeiten unbemerkt verändert haben. So kann es passieren, dass du nach der Elternzeit in die Werbeagentur zurückkehrst, um festzustellen, dass dich das Gerangel um die prestigeträchtigsten Etats nicht mehr interessiert. Oder wenn in Gesprächen mit ehemaligen Kollegen deutlich wird, dass die Themen rund um die Kanzlei und die Mandanten dich nur noch ermüden und sie dir sinnlos erscheinen. Dann hat sich in deinem Wertesystem etwas verändert.

Die Frage nach der Sinnhaftigkeit des Jobs ist aber nur eine mögliche Veränderung. Wir hatten Workshop-Teilnehmer, die herausfanden, dass Prestige oder ein hohes Gehalt nach der Auszeit einen neuen und immens großen Stellenwert bekam. Der Blick auf die Altersvorsorge, auf die Ausbildung der Kinder oder auf die Jahre, die noch bleiben, hatte diesen Wandel bewirkt.

Egal, in welche Richtung diese Veränderungen gehen, du solltest sie nicht ignorieren. Deine Werte wirken wie Kraftquellen. Je mehr du dich an deinen Werten ausrichtest, umso mehr kannst du von diesen Kraftquellen profitieren. Und andersherum: Je mehr du sie ignorierst, umso eher entsteht das Gefühl, dass etwas in Schieflage ist und du deine Kräfte falsch einsetzt.

Die Wertetafel in Abbildung 7 ermöglicht dir, auf einfache Weise einen Überblick über deine aktuellen Werte zu bekommen.

!

Action Step 6: Welche Werte sind dir wichtig?

Schau dir die Wertetafel in Ruhe an. Umkreise dann alle Werte, die dir wichtig sind. Du kannst beliebig viele markieren. Überprüfe dich. Hast du etwas umkreist oder aufgeschrieben, weil es sich gut anhört oder sozial erwünscht ist oder weil du es wirklich so empfindest?

Die Beschäftigung mit deinen Werten dient auch dazu, dem Sound, den du am Mischpult deines Lebens gemixt hast, noch einmal Tiefe zu geben. Schaue dir deinen Mischpult dafür noch einmal an. Passt die Gewichtung der Lebensbereiche mit den Werten zusammen, die dir jetzt wichtig sind? Oder würdest du nun den einen oder anderen Regler noch einmal verschieben, um mehr Kongruenz mit deinen heutigen Werten zu erzielen?

Wenn du z. B. »Karriere« als einen zentralen Wert notiert hast, obwohl du dem Beruf (in der Zeichnung von deinem Mischpult) nur eine mäßige Bedeutung zumisst, dann ist das ein Konflikt. Denn du wirst nur eines von beiden sicher erreichen können.

Versuche, im Austausch mit anderen solche Diskrepanzen aufzulösen. Warum mit anderen? Ganz oft befindet sich bei solchen Konflikten hinter einem Wert noch ein zweiter, ganz anderer Wert, den es dann aufzudecken gilt. Das gelingt im Gespräch sehr viel besser und schneller, als wenn du das allein probierst.

Anerkennung	Arbeit	Ästhetik	Aussehen
Autonomie	Bekanntheit	Beruf	Besser sein
Bewegung	Beziehungen	Dazugehören	Ehre
Ehrlichkeit	Eigentum	Eigenverantwortung	Einfluss
Entspannung	Entwicklung	Erfolg	Erotik
Fairness	Familie	Freiheit	Freude
Freundschaft	Frieden	Führung	Fürsorglichkeit
Ganzheitlichkeit	Geborgenheit	Gelassenheit	Gerechtigkeit
Gesundheit	Glaube	Gleichberechtigung	Harmonie
Humor	Idealismus	Intuition	Kinder
Kreativität	Kunst	Lebensstandard	Leistung
Liebe	Loyalität	Lust	Macht
Meditation	Mitgefühl	Moral	Musik
Mut	Nachdenken	Neugier	Offenheit
Ordnung	Partnerschaft	Politik	Reichtum
Reisen	Romantik	Ruhe	Ruhm
Selbstgenügsamkeit	Selbstverwirklichung	Selbstwert	Sicherheit
Sinnsuche	Solidarität	Spannung	Sparen
Spiritualität	Spontaneität	Sport	Status
Träume	Umwelt	Unabhängigkeit	Vertrauen
Wahrheit	Wissen	Wohlstand	Würde
	Anderes:__		

Abb. 7: Wertetafel (Quelle: Wertetafel mit freundlicher Genehmigung von Dr. Martina Nohl, Übergangscoaching, Junfermann Verlag 2011)

Falls du bei den Werten etwas entdeckst, das wichtig für dein Mischpult ist, passe einfach den entsprechenden Regler an.

Wo geht deine Energie hin?

Als Nächstes geht es darum, dass dein neuer Lebenssound auch Power erhält. Hierfür gucken wir, wo deine Energie aktuell hingeht. Im Alltag, am Wochenende, über die Wochen und Monate. Bei jedem von uns gibt es Dinge, die unsere Energie negativ binden, vielleicht sogar aufzehren, ohne dass wir es bemerken. Viel zu oft verbringen wir Zeit mit Tätigkeiten oder Menschen, bei denen wir im Nachhinein denken, dass es uns eher ausgelaugt, als beflügelt hat. Überlege für dich einmal, welche Tätigkeiten oder Menschen es in deinem Leben gibt, die dir mehr Energie nehmen als geben.

Und dann gibt es Situationen, die uns beflügeln und tage- oder wochenlang noch bei guter Laune halten. Was macht dir Spaß, was inspiriert dich, was fühlt sich leicht an und was lässt dich neugierig und wach sein? Sei es das Zusammensein mit den Kindern, mit dem Partner, Yoga-Übungen, Klavier spielen, Freunde treffen, joggen, in der Natur sein oder sonst etwas. Überlege einmal, was dir ein gutes Gefühl gibt.

Um die Punkte zu verdeutlichen, haben wir in Abbildung 8 ein Worksheet erstellt, mit dem du das, was dich beflügelt, und das, was dich runterzieht visualisieren kannst. Dieses Worksheet findest du ebenfalls auf mybook.haufe.de (Arbeitshilfe 6).

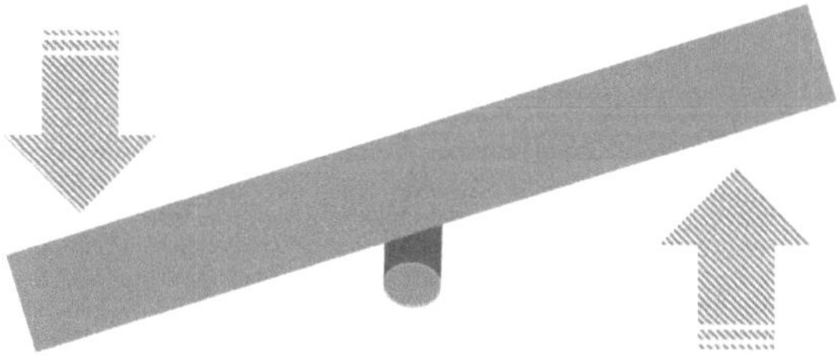

Was raubt dir Energie?	Was gibt dir Energie?
Routine im Haushalt	Zu sehen, wie toll sich die Kinder entwickeln
Dass ich meine beruflichen Potenziale nicht nutze	Sport
	Die schönen Gespräche mit engen Freunden über das, was uns wichtig ist

Abb. 8: Meine Energiewippe (Beispieltext)

Action Step 7: Was gibt dir Energie? !

Trage alles, was dir Energie gibt, in die untenstehende Zeichnung auf die rechte Seite der Wippe ein. Ob es das Zusammensein mit den Kindern oder dem Partner ist, Yoga, Klavier spielen oder das Zusammensein mit Freunden – trage alles ein, was dir ein gutes Gefühl gibt. Diese Seite der Energiewippe lässt dich nach oben fliegen. Auf der linken Seite trägst du alles ein, was dir Energie raubt, dich beschwert oder dich auslaugt. Diese Seite zieht dich runter.

Schaue dir deine Wippe genau an. Rechts stehen die Dinge, die dir Auftrieb geben, und links die Dinge, die dich herunterziehen. Stell dir folgende Fragen:

In welchem Verhältnis stehen die Energiebringer und die Energiefresser? Was kannst du tun, um die Dinge, die dir Energie geben, zu verstärken und die Energiefresser zu reduzieren? Notiere das ebenfalls auf dem Blatt »Meine Energiewippe«.

3.3 Deine Zwischenbilanz – Das Fundament für die Jobauswahl

Das Mischpult, die Wertetafel und die Energiewippe sind Tools, die du immer wieder in deinem Leben nutzen kannst, um zu prüfen, inwieweit sich deine Vorstellungen vom Leben im Alltag wiederfinden. Diese Tools zeigen dir auch die Bereiche auf, die du ändern möchtest. Die Schlussfolgerungen daraus können, abhängig von der Lebenssituation, in der wir uns gerade befinden, unterschiedlich ausfallen. Was sind deine Schlussfolgerungen für den beruflichen Wiedereinstieg?

Fasse für dich die wichtigsten Erkenntnisse noch einmal zusammen. Als Anregung haben wir in Abbildung 9 ein Worksheet mit drei Feldern dargestellt. Auf mybook.haufe.de (Arbeitshilfe 7) findest du eine passende Vorlage. So füllst du es aus:

- In dem oberen linken Feld notierst du, was gut läuft.
- In dem oberen rechten Feld notierst du, was du verbessern möchtest.
- Und in dem waagerechten Feld darunter notiert du, welche Einsichten du gewonnen hast, während du diese Übungen gemacht hast. Die Einsichten können mit den Übungen zusammenhängen, es kann aber auch etwas ganz anderes sein, was dir dabei eingefallen ist.
- Pinne deine Notizen an deine Wall of Fame. So behältst du es besser im Blick.

Abb. 9: Meine Zwischenbilanz (Beispieltext)

Glückwunsch! Du hast jetzt eine Vorstellung davon, wie der Sound für dein Comeback, die Gewichtung deiner Lebensbereiche für die Zukunft aussehen soll. Du weißt, wohin deine Energie fließt und welche Werte dich stärken. Damit hast du ein solides Fundament, auf dem du die Auswahl deines nächsten Jobs triffst. Im nächsten Abschnitt geht es darum, deine beruflichen Wünsche zu konkretisieren.

3.4 So entwickelst du neue Berufsperspektiven

Alle Träume können wahr werden, wenn wir den Mut haben, ihnen zu folgen.
Walt Disney

Eine der größten Herausforderungen beim Wiedereinstieg ist es herauszufinden was dich beruflich interessiert. Was dich zieht! Wofür du morgens gerne aus dem Bett springst und wofür du bereit bist, Teile deines Lebens umzukrempeln.

Diese Zielfindung ist eine der wichtigsten Aufgaben beim Wiedereinstieg. Es gibt zahlreiche Optionen und Möglichkeiten und jede Entscheidung für den einen Weg ist eine Entscheidung gegen etwas anderes. Das macht es so schwierig, sich zu entscheiden. Um das Dickicht an Möglichkeiten besser bewerten zu können, benötigst du Klarheit über deine beruflichen Wünsche und Interessen ebenso wie das Wissen darüber, was du kannst und was du willst und was du zukünftig nicht mehr willst. Du brauchst ein Ziel, auf das du zusteuern möchtest, denn sonst wird kein Weg der richtige sein.

In diesem Kapitel geben wir dir mehrere Tools an die Hand, mit denen du dein berufliches Ziel entwickeln kannst. Alle haben zum Ziel, dir einen Beruf aufzuzeigen, der zu dir passt. Doch was genau soll passen? Suchst du eher eine Tätigkeit, bei der du vorhandene Kompetenzen einsetzen kannst? Oder etwas, bei dem du dir neue Fähigkeiten aneignest? Willst du dich mehr auf vorhandene Qualifikationen und Stärken fokussieren oder dich an deinen Interessen und Wünschen ausrichten? Oder beides zusammen?

Alle Tools gewichten dein Können und deine Interessen in unterschiedlicher Weise. Wähle das Tool, das dich intuitiv am meisten anspricht. Das ist meistens der Weg, der dir wesentliche Erkenntnisse liefert.

Unsere Empfehlung: Welches Tool du auch auswählst, tausche dich über deine Erkenntnisse mit anderen aus. Insbesondere bei der Zielfindung ist ein Feedback von außen ein wertvolles Korrektiv. Du kannst alle Tools während deiner Reise zum Wiedereinstieg auch stets neu anpassen – genau so, wie es die Situation jeweils verlangt.

a) Die Einstiegsvariante: Was bietet der Markt?

Es gibt Wiedereinsteiger, die bei der Zielfindung allein danach gehen, was aktuell angeboten wird. Um das herauszufinden, nutzen sie Stellenportale im Internet (oder schauen samstags in die Zeitung) und recherchieren Stellenbezeichnungen, die sie noch von früher kennen. Aus der Liste der Stellenanzeigen, die sie erhalten, speichern sie einige Angebote ab, drucken sie aus und schreiben vielleicht sogar schon die ein oder andere Bewerbung.

Dieses Vorgehen ist unkompliziert und sicher eine Möglichkeit, um erste Ideen zu sammeln. Mehr aber auch nicht. Die Wahrscheinlichkeit, dass du auf diese Weise einen Job findest, der für dein jetziges Leben maßgeschneidert ist, ist dabei nicht sehr hoch. Eigentlich geht sie gegen null. Dafür gibt es mehrere Gründe:

- Die Orientierung an Stellenbezeichnungen ist keine gute Idee. Zum einen hat sich das Berufsbild weiterentwickelt. Es beinhaltet möglicherweise Tätigkeiten, die du nicht oder nicht mehr machen möchtest. Zum anderen gibt es heutzutage viele neue Berufsbezeichnungen, die du noch nicht kennst, aber deine Fähigkeiten erfordern könnten.
- Du orientierst dich bei diesem Vorgehen an den Erwartungen und Vorgaben der Unternehmen. Das kannst du machen, aber wäre es nicht viel sinnvoller, erst einmal herauszufinden, was *du* willst?
- Stellenanzeigen ändern sich täglich und viele freie Stellen werden zudem nicht öffentlich ausgeschrieben. Zahlreiche spannende Jobperspektiven lässt du völlig außer Acht, wenn du dich bei deiner Jobfindung allein an dem aktuellen, sichtbaren Angebot orientierst.

Aus diesen Gründen denken wir, dass du dich nicht im Vorfeld beschränken solltest. Entdecke zuerst einmal, was dich mit Neugier und Freude erfüllt. Damit erhöhst du gleichzeitig deine Chancen, eingestellt zu werden. Einfach, weil du viel mehr Überzeugung und Sicherheit ausstrahlst.

b) Für Kreative: Die Zukunftsreise

Die Zukunftsreise gehört zu den Kreativitätstechniken, bei denen es nur um deine Wünsche und Sehnsüchte geht, denen du freien Lauf lassen darfst. Bei der Zukunftsreise ist alles erlaubt und alles möglich. Was du früher beruflich gemacht hast, spielt ebenso wenig eine Rolle wie der zeitliche oder räumliche Rahmen, der dir jetzt für deine Arbeit zur Verfügung stehen würde. Nimm dir für diese Übung Zeit und suche dir einen Platz, an dem du ungestört bist und gut schreiben kannst.

Du brauchst etwas Raum für deine Gedanken, also räume den Schreibtisch oder Küchentisch frei, je nachdem, wo du gerne sitzt. Wenn du einen anderen Lieblingsplatz hast, setze dich dahin. Hauptsache, du hast Platz, Stift und Papier parat. Du kannst dir auch noch einen Tee oder Kaffee machen und im Hintergrund deine Lieblingsmusik laufen lassen.

Take-off

Stell dir vor, du lebst im Jahr 2025. Dein Wiedereinstieg hat super geklappt. Du bist am Ziel deiner beruflichen Wünsche angekommen. Viel einfacher als gedacht. Alles lief reibungslos, die Familie ist gut organisiert, deine berufliche Auszeit kein Thema mehr. Du bist wieder da! Mitten im Berufsleben! Der Wecker klingelt, du wachst morgens auf und ziehst dich an. So wie du es für deinen Job gut findest. Dann machst du Frühstück, ein Blick auf die Uhr und los geht's. Du schnappst deine Sachen, schließt die Haustür hinter dir und gehst ins Büro …

Flight

Nimm dir jetzt zwei Minuten Zeit, um dir im Detail vorzustellen, wie dieser Tag ablaufen würde. Wie kommst du ins Büro? Mit der S-Bahn, dem Fahrrad, dem Auto? Wie sieht das Büro aus? Ist es ein Altbau, ein Neubau, ein Loft? Wie ist es eingerichtet? Wie sehen die Böden, Wände, die Einrichtung aus? Wen triffst du dort? Kollegen, Vorgesetzte, Kunden? Wie begrüßen sie dich? Welches Gefühl hast du, wenn du sie siehst? Was ist deine Aufgabe im Büro? Schreiben, kommunizieren, Termine planen, Zahlen prüfen, Personal einweisen? Was genau ist es und wie machst du das? Am Computer, am Zeichentisch, in der Werkstatt, im Labor? Wann ist Arbeitsende? Was machst du danach? Kinder abholen, mit Freunden treffen, mit Kollegen ein Bier trinken? Abends noch einmal E-Mails prüfen?

Schließ die Augen und lass diesen Tag vor deinem inneren Auge im Detail ablaufen. Achte darauf, wie es sich anfühlt, ob das Wetter warm ist, welcher Duft dich begleitet.

Jedes kleine Detail zählt auf dieser Zukunftsreise. Sei ganz bei dir und stell dir nur diesen einen Tag vor.

Danach schreibe alles auf, was dir zu deinem Tag einfällt. Du kannst dich an den oben genannten Fragen orientieren, du kannst aber auch ganz andere Dinge beschreiben. Versuche, deinen Berufstag so konkret wie möglich zu beschreiben. Du hast dafür eine Din-A4-Seite Platz. Nicht mehr und nicht weniger.

Mission

Wenn du fertig bist, lies dir das, was du geschrieben hast, noch einmal durch. Hast du alles erfasst oder fehlt noch etwas? Dann füge das noch hinzu. Schau dir an, was du zu deinem beruflichen Alltag geschrieben hast. Worum dreht er sich, was machst oder gestaltest du? Versuche, in möglichst einfachen Worten auszudrücken, was es ist. Wie würdest du einem sechsjährigen Kind beschreiben, was du beruflich machst?

Fasse deine Tätigkeit aus der Zukunftsreise in einem Satz zusammen. Du hast nur einen Satz zur Verfügung, um diesen Tag zu beschreiben. Notiere diesen einen Satz dann auf der Rückseite deines Blattes, auf das du vorher deine Beschreibungen zur Zukunftsreise notiert hast. Das, was du dort aufgeschrieben hast, ist dein Berufswunsch! Da möchtest du hin, das möchtest du sein.

Lies dir die Geschichte deines zukünftigen Berufstages und diesen einen Satz immer wieder durch. Die Beschreibung und dieser Satz werden dich inspirieren, dich mit Motivation füllen und dir die nötige Energie geben, um dieses Ziel zu erreichen. Klebe diesen Zettel auf deine Wall of Fame.

c) Für Rationale: Das agile Jobprofil

Im Unterschied zur Zukunftsreise, die bei deinen Wünschen und Vorstellungen ansetzt, greift das agile Jobprofil auf deine gesammelten Kompetenzen und Qualifikationen zurück. Dein Können und Vermögen, ob im Job erworben oder außerberuflich angeeignet, wird dabei in einzelne Tätigkeitsfelder aufgefächert, geprüft, und bewertet. Bereiche, in denen du sehr gut bist oder die dich sehr interessieren, werden gesammelt. Diejenigen Bereiche, die dich nicht interessieren oder in denen du nicht so gut bist, werden verworfen. Und dann wird das, was vorhanden ist, neu zusammengesetzt.

Mit diesem Vorgehen entwickelst du ein Jobprofil, das auf deinen Stärken und Interessen fußt. Mit jeder Verschiebung deiner Interessen, mit jeder Weiterentwicklung kannst du dein Jobprofil neu anpassen, das macht seine Agilität aus. Und so geht's:

Schritt 1: Fact-Sheet

Um dich daran zu erinnern, was für einen reichen Schatz an Erfahrungen und Kompetenzen du in dir trägst, erstellst du zunächst einmal eine *grobe* Fassung deines Lebenslaufs. Beginne mit dem höchsten Schulabschluss und notiere alles, was darauf folgte. Ein Au-pair-Aufenthalt in den USA, eine Ausbildung, ein Studium? Trage das alles in das sogenannte Fact-Sheet ein. Ein Beispiel dafür zeigen wir dir in Abbildung 10. Zeichne dir ein eigenes Fact-Sheet oder lade die Vorlage, die du auf mybook.haufe.de findest, herunter (Arbeitshilfe 8).

Meine bisherigen beruflichen und berufsähnlichen Erfahrungen:

Jahr	Tätigkeit
1993	Abitur
1993-94	Au-pair in den U.S.A.
1999	Studienabschluss
95-98	Teamleiter Mitfahrzentrale
2000-2007	Projectmanager BBT
2010-2013	Projectmanager Elbgold
2013 -2018	Mit im Vorstand in unserer Kita
2019	Weiterbildung Design Thinking

Abb. 10: Fact-Sheet bisheriger Tätigkeiten (Beispieltext)

Was folgte dann? Der erste Job, Ortswechsel, neuer Job, das erste Kind? Wenn du chronologisch vorgehst, fällt es dir einfacher, die einzelnen Stationen deines bisherigen Lebens zu erinnern. Trage nicht nur Ausbildungs- und Berufsstationen ein, sondern auch alle Praktika, ehrenamtliche oder unentgeltliche Tätigkeiten. Warst du im Studentenausschuss tätig? Hast du ehrenamtlich die Finanzen in einer Theatergemeinde verwaltet, eine neue Kita gegründet? Dann notiere das. Hast du ein zeitintensives Hobby? Das ist nicht der kurz ausprobierte Zumba-Kurs, sondern die Tanzgruppe, die es seit acht Jahren gibt. Das kann der Triathlon sein, für den du das ganze Jahr übst, oder die Gemüse-Anzucht. Was es auch ist, wenn es eine Tätigkeit gibt, die dich sehr begeistert und deine Zeit in Anspruch nimmt, liste sie auf.

Häufig entstehen in der beruflichen Auszeit Interessen und Schwerpunkte, die zu einer neuen beruflichen Ausrichtung führen können. Das wollen wir hier alles erfassen.

Du kannst auch erst eine Liste schreiben mit allem, was dir einfällt, und dann eine zweite, die du chronologisch sortierst. Am Laptop lässt sich so etwas noch einfacher machen, weil du beliebig etwas einfügen und ergänzen kannst.

Du wirst erstaunt sein, wie viele Erfahrungen sich über die Jahre angesammelt haben. Und einiges hattest du wahrscheinlich fast schon vergessen. Aus unseren Workshops wissen wir, wie überrascht die Teilnehmer immer wieder darüber sind, wie groß der Pool an Kenntnissen und Fähigkeiten ist. Und wie gut es tut, das für sich neu zu entdecken. Wenn dir in den nächsten Tagen weitere Tätigkeiten einfallen, ergänze deine Liste.

Schritt 2: Aufgabenspektrum

Nun geht es ins Detail. Nicht jeder Job wird gleichermaßen gut gelungen sein, nicht alles hat gleich viel Spaß gebracht. Auch zum spannendsten Beruf gehören Aufgaben, die man nicht mag oder nicht gut beherrscht. Und ebenso beinhalten auch Tätigkeiten, die man insgesamt langweilig oder negativ fand, meistens auch einzelne Aufgabenbereiche, die dann doch interessant waren oder dir gut gelungen sind.

In diesem Schritt fächerst du jede deiner Tätigkeiten in einzelne Aufgabenbereiche auf. Jemand, der in der Marktforschung war, könnte z. B. sagen, er hat Interviews geführt, Kunden beraten und Auswertungen erstellt. Jemand, der als Anwalt tätig war, könnte z. B. sagen, er hat Gutachten erstellt, Mandanten vor Gericht vertreten und Schriftsätze verfasst.

Mit dieser Auffächerung deiner Tätigkeiten erfasst du detailliert, was du früher gemacht hast. Damit kannst du auch herauszufinden, ob sich bestimmte Aufgabenbereiche in verschiedenen Jobs wiederholen, selbst wenn sich die Beruf, Branche oder Entlohnung stark voneinander unterscheiden.

Und als Drittes kannst du jetzt losgelöst von Jobtiteln beurteilen, welche Aufgaben dir Spaß gemacht haben oder dir gut gelungen sind und welche Bereiche dir nicht gefallen haben.

In Abbildung 11 ist das fiktive Beispiel von Nele aufgeführt. Nele war drei Jahre in einem Marktforschungsinstitut als Projektmanagerin für qualitative Studien verantwortlich und hat diese Tätigkeit in folgende Aufgabenbereiche aufgegliedert:

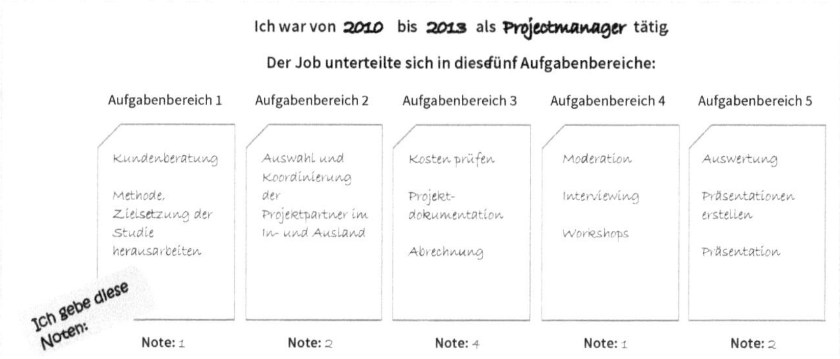

Abb. 11: Mein Aufgabenspektrum (Beispieltext)

Nun bist du dran! So gehst du vor:

1. Lade das Worksheet Aufgabenspektrum auf mybook.haufe.de (Arbeitshilfe 9) herunter oder erstelle eine Zeichnung wie in Abbildung 11.
2. Ganz oben trägst du den Beruf ein, den du zuletzt inne hattest, notiere dazu die Dauer der Berufstätigkeit.
3. Darunter steht als Überschrift: »Der Job unterteilte sich in diese fünf Aufgabenbereiche«. Überlege, in welche fünf Aufgabenbereiche du den Beruf auffächern kannst, und notiere jeden Aufgabenbereich in einem eigenen Feld. Fünf ist nicht wenig, aber dieses Vorgehen hilft dir, deinen Job differenzierter zu betrachten. Das gibt deiner Analyse eine größere Tiefenschärfe. Mehr als fünf Aufgabenbereiche zu unterscheiden ist nicht hilfreich, weil du dich dadurch zu sehr im Detail verlierst.

4. Ganz unten steht »Note«: Trage zu jedem Aufgabenbereich eine Note zwischen 1 und 6 ein. 1 steht für »Hat mir sehr viel Spaß gemacht bzw. ist mir sehr gut gelungen«. Und 6 steht für »Hat mir keinen Spaß gemacht bzw. ist mir überhaupt nicht gelungen«. Du kannst jede Note mehrmals vergeben.
5. Erstelle für jeden weiteren Job, den du ausgeübt hast, ein eigenes Worksheet.
6. Gibt es eine ehrenamtliche, unentgeltliche Aktivität, die dir am Herzen liegt? Fülle ein weiteres Worksheet mit dieser Tätigkeit aus und gehe wie oben beschrieben vor.

Schließlich haben wir noch einen letzten Punkt, den wir die *»verschütteten Talente«* nennen. *»Verschüttete Talente«* sind Interessen und Fähigkeiten, die dir an irgendeiner Stelle in deinem Leben einmal sehr wichtig waren, aber dann in Vergessenheit geraten sind, z. B. weil sich deine berufliche Situation geändert hat oder du privat eine andere Richtung eingeschlagen hast. Manchmal haben verschüttete Talente im weiteren Leben keine Bedeutung mehr. Manchmal sind es aber gerade jene Fähigkeiten, die wir aus den Augen verloren haben, die beim Wiedereinstieg den entscheidenden Hinweis auf die zukünftige berufliche Ausrichtung geben können. Das kann eine Aus- oder Weiterbildung sein oder ein Job, der weit zurück liegt.

! **Beispiel**

Lena wollte ihr Leben lang Juristin werden. Schon in der Schule setzte sie sich für jeden ein, der ihrer Ansicht nach ungerecht behandelt wurde. Sie studierte Jura, machte das Erste Staatsexamen, absolvierte ihr Referendariat und bestand danach auch das Zweite Staatsexamen. Doch ihre Abschlussnote war nicht gut genug, um in einer internationalen Großkanzlei angenommen zu werden. Für Lena platzte damit ein Traum. Sie war so enttäuscht, dass sie Jura den Rücken kehrte und in der Marketingabteilung eines Unternehmens arbeitete. Während der Planung ihres Wiedereinstiegs erinnert sich Lena daran, dass sie ursprünglich Anwältin werden wollte und ihr die anwaltliche Tätigkeit im Referendariat sehr viel Spaß gemacht hatte.

Hast du vielleicht auch solche verschütteten Talente? Dann fülle ein weiteres Worksheet aus, um sie festzuhalten.

Schritt 3: Bündelung deiner Aufgabenbereiche

Beim agilen Jobprofil interessieren wir uns nur für diejenigen Aufgabenbereiche, die du gut konntest oder die dir viel Spaß gemacht haben. Mit dieser Fokussierung konzentrierst du dich bei deiner Jobsuche auf deine starken Seiten. Das ist vorteilhaft, denn die meisten von uns sind besonders motiviert und überzeugend, wenn sie ihre starken Seiten ausspielen.

Breite dafür alle Worksheets aus dem vorhergehenden Schritt nebeneinander aus. Die Aufgabenbereiche mit der Note 3, 4, 5 und 6 interessieren dich nicht weiter. Aufgabenbereiche, die du mit der Note 1 oder 2 bewertet hast, betrachtest du genauer. Nimm ein weiteres Blatt zur Hand und notiere darauf alle Aufgabenbereiche, denen du eine 1 oder 2 gegeben hast. Zähle die Aufgabenbereiche, die du auf dem Blatt notierst hast. Wie viele sind es? Wenn du vier und mehr Aufgabenbereiche notiert hast, überlege, welche Bereiche sich ähneln und zusammengefasst werden können. Bündele deine Aufgabenbereiche, bis du diese in genau drei Bereiche zusammengefasst hast.

Schritt 4: Der Zukunftspfad
Was wäre, wenn es einen Job gäbe, der aus einem deiner drei liebsten Aufgabenbereiche besteht? Wohin könnte dich das beruflich führen? In diesem Schritt spielen wir das einmal durch. Lade das Worksheet Zukunftspfad auf mybook.haufe.de (Arbeitshilfe 10) herunter oder erstelle eine Zeichnung wie in Abbildung 12.

In der oberen Zeile »Meine drei liebsten Aufgabenbereiche« trägst du jetzt die drei Aufgabenbereiche ein, die du in Schritt 3 formuliert hast. In der Mitte des Worksheets steht: »Welche berufliche Tätigkeit könnte sich daraus ergeben?« Vielleicht denkst du jetzt, dass wir dir das sagen sollen, aber das können wir an dieser Stelle leider nicht. In den Workshops brainstormen und beraten wir. Hier im Buch können wir dir nur ein Tool bereitstellen, um es selbst herauszufinden. Frage dich nun für jeden Aufgabenbereich:

Was wäre, wenn das der Schwerpunkt deines zukünftigen Berufs wäre? Welcher Beruf könnte das sein? Versuche für jeden der drei Aufgabenbereiche, die du dir notiert hast, einen passenden Beruf zu finden. Was könnte das sein? Lass deiner Phantasie freien Lauf. Das mag sich zunächst vielleicht unrealistisch anhören, schreibe dennoch alles auf, was dir einfällt.

Unser Tipp !

Gib die Aufgabenbereiche in der Suchmaske eines Stellenportals ein. Daraufhin erscheint eine Vielzahl an Berufen, die deine Aufgabenbereiche beinhalten. Auf diese Weise erhältst du weitere Anregungen für dein zukünftiges Jobprofil.

In Abbildung 12 führen wir das Beispiel aus Abbildung 11 fort. Nele hat in der oberen Reihe ihre liebsten Aufgabenbereiche eingetragen. Unten auf dem Worksheet formuliert sie alle beruflichen Perspektiven, die ihr einfallen. Sie wird es später mit einer Freundin besprechen und dann die Optionen weiter verfolgen, die ihr am besten gefallen.

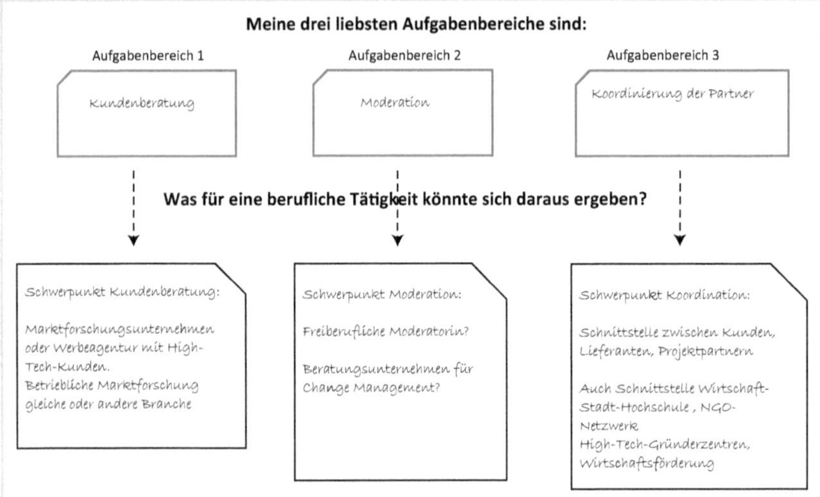

Abb. 12: Meine Zukunftspfade (Beispieltext)

Du kannst diese Übung gut allein machen. Jedoch eignet sie sich auch ideal für ein Brainstorming mit anderen. Lade entweder eine Freundin oder einen Freund zum Kaffee ein und bitte sie oder ihn, sich deine Worksheets anzuschauen. Wahrscheinlich werden deine Freunde überrascht sein zu erfahren, was du alles kannst und was dir Spaß bringt. Für dich ist jedoch viel wichtiger, ob sie daraus dieselben Schlüsse ziehen wie du. Vielleicht gibt es aus der Perspektive deiner Freunde ganz andere Ergebnisse und Clustermöglichkeiten. Welches Jobprofil entwickeln deine Freunde aus deinen bevorzugten Tätigkeitsfeldern? Und in welchen Branchen würden sie das verorten?

Bitte deine Freunde, ihren Ideen und Vorstellungen von deinen beruflichen Einsatzfeldern freien Lauf zu lassen, und ermutige sie zu einer spielerischen Zugangsweise. Du wirst erstaunt sein, wie viele spannende und neuen Anregungen du für deinen beruflichen Weg erhalten wirst.

d) Für Datenfreaks: Die Potenzialanalyse

Der vierte Ansatz, den wir dir vorstellen möchten, ist die Potenzialanalyse. Die Potenzialanalyse, auch Self-Assessment oder Kompetenzbilanz genannt, bezeichnet einen Selbsteinschätzungstest. Dabei beantwortest du eine Vielzahl von Fragen zu deinem Tun, Handeln, Denken und deinen Wünschen. Deine Antworten werden nach mathematischen Verfahren gewichtet und bewertet. Im Ergebnis erhältst du eine objektive Darstellung deiner Stärken und Schwächen, deiner Qualifikationen und Fähigkeiten. Diese Fähigkeiten beziehen sich in der Regel auf bestimmte Kompetenzen – wie zum Beispiel Organisieren oder Planen –, die sich leicht auf jede Arbeitsumgebung übertragen lassen.

Die renommierte Karriereberaterin **Svenja Hofert** unterscheidet in ihrem Bestseller »Was sind meine Stärken?« zum Beispiel die fünf Kompetenzfelder Denken, Steuern, Sprechen, Organisieren und Kreieren.[12]

Bei diesen Tests ist es weder von Interesse, wie lang deine Auszeit war, noch, wie viel Berufserfahrung du vorher hattest. Auch werden dein Handeln und deine Erfahrungen aus allen Lebensbereichen gleich gewichtet. Es ist also unerheblich, ob dein Organisationstalent aus dem früheren Job oder der Tätigkeit im Schulrat stammt. Das macht diese Tests universell einsetzbar und sehr erkenntnisreich.

Für diese Art der Selbsteinschätzung gibt es eine Vielzahl verschiedener Tests. Einer der bekanntesten ist der Meyer-Briggs-Typenindikator, kurz MBTI genannt, der die Menschen in 16 Temperamtstypen unterscheidet. Wenn auch nicht unumstritten (jede Art von Test in diesem Bereich hat Kritiker und Befürworter), wird dieser Test sehr häufig im HR-Bereich eingesetzt. Eine gekürzte, kostenlose Variante ist unter https://www.16personalities.com/de erhältlich.

Das Schöne an diesen Tests ist, dass sie so leicht zu handhaben sind. Du brauchst nur die Fragen zu beantworten und dann wird dir eine Auswertung geliefert. Ebenso ansprechend ist, dass eine Vielzahl an möglichen Berufsbildern mitgeliefert wird, die einen auf neue Ideen bringen kann. Auf unserer Website restart-today.de findest du einen Überblick mit einigen kostenlosen Tests. Im Anhang haben wir zudem weiterführende Literatur aufgelistet.

12 Svenja Hofert, 2016, S. 14.

Diese Selbsteinschätzungstests haben jedoch auch einen blinden Fleck. Sie konzentrieren sich voll und ganz darauf, was du bereits gut kannst, und leiten daraus Empfehlungen für zukünftige berufliche Ziele ab. Wenn du dir neue Fähigkeiten aneignen möchtest oder Interessen zu neuen Schwerpunkten ausbauen willst, sind die Selbsteinschätzungstests tendenziell kein geeignetes Instrument für dich.

Unabhängig davon, welchen Ansatz du wählst, um deine Berufswünsche zu konkretisieren, und zu welchen Erkenntnissen du kommen wirst – es gibt noch einen weiteren Punkt bei deiner zukünftigen Berufswahl zu beachten. Dabei geht es um deine Prioritäten im Hinblick auf vier Aspekte oder Parameter, die dir bei jedem Job begegnen werden. Davon handelt der folgende Abschnitt.

3.5 Vier Parameter für den Feinschliff bei der Berufswahl

Nachdem du deine beruflichen Optionen ausgelotet hast, kommen wir jetzt zu den Parametern, die deinen Berufswunsch abrunden. Es geht ja nicht nur darum, *was* du machen möchtest, sondern auch darum *wo, wie* und *wie viel* du arbeiten willst oder kannst. Das sollte alles zusammenpassen. Ob du nun angestellt arbeiten möchtest, selbstständig oder freiberuflich – mit den folgenden vier Aspekten wirst du dich auseinandersetzen und auch zwischen diesen priorisieren müssen. Zumindest am Anfang. Im Laufe der Zeit können sich die Dinge verändern, aber für den Wiedereinstieg hilft es, wenn du dir im Klaren darüber bist, welcher Aspekt für dich zurzeit die höchste Priorität hat.

Die Rede ist von vier Aspekten, die bei der Berufswahl immer von Bedeutung sind:

1. Arbeitsinhalt
2. Arbeitszeit
3. Arbeitsumgebung
4. Gehalt

Kurz gesagt ist der Arbeitsinhalt das, was du konkret tust, leitest, designst, gestaltest etc. Die Arbeitszeit ist die Zeit, die du dafür investierst. Die Arbeitsgestaltung ist die Umgebung, das Büro, das Team, aber auch die Flexibilität in zeitlicher und räumlicher Hinsicht. Der Arbeitslohn beinhaltet das Gehalt bzw. die Provision oder den Umsatz, den du machst, je nachdem in welchem Arbeitsverhältnis du stehst.

Nachvollziehbarerweise möchte jeder von uns eine optimale Kombination aus diesen vier Parametern und am liebsten würden wir sie nach unseren Wünschen gestalten. In der Realität müssen wir jedoch Kompromisse machen und zwischen diesen Parametern abwägen. Damit dir das Priorisieren leichter fällt, beleuchten wir auf den folgenden Seiten diese vier Parameter näher und stellen zielführende Fragen, die dir dabei helfen werden.

1. Arbeitsinhalt

Beim Wiedereinstieg treffen zwei unterschiedliche Auffassungen aufeinander. Die eine besagt, der erste Job nach deinem Wiedereinstieg ist nur dafür da, sich wieder Arbeitsroutine anzueignen und in den Berufsalltag zurückzufinden. Daher ist der Inhalt nachrangig. Dies könnte zum Beispiel eine kluge Strategie für Wiedereinsteiger sein, die zu Beginn sehr begrenzte oder sehr genau umrissene zeitliche Ressourcen haben und die Arbeitszeit deswegen die höchste Priorität hat. Sobald die Möglichkeit besteht, mehr zu arbeiten, könnte zu einem späteren Zeitpunkt der Arbeitsinhalt in den Fokus rücken.

Die zweite Auffassung besagt: Suche dir nur eine Tätigkeit, die dich begeistert, selbst wenn du nur zwei Stunden Zeit pro Woche hast. Denn nur bei einem echtem Interesse bist du auch wirklich motiviert zu arbeiten. Weil du z. B. interessante Menschen kennlernst, die Aufgabe herausfordernd ist oder du den Inhalt spannend findest. Nur dann bist du bereit, dein Leben umzustellen und Platz zu schaffen für das Neue – deinen Job. Damit du dir selbst klarer wirst, welche der beiden Annahmen auf dich zutrifft, stelle dir die folgenden zwei Fragen:

- Welchen Stellenwert hat der Arbeitsinhalt für mich?
- Wie motiviert bin ich, wenn die inhaltliche Tätigkeit mich nicht interessiert?

2. Arbeitszeit

Der Parameter Arbeitszeit ist für viele Wiedereinsteiger ein besonders kritischer Punkt. Kita- oder Schulzeiten der Kinder, zu betreuende Personen, die auf dich warten, oder deine eigene Belastbarkeit. Das alles spielt bei der verfügbaren Arbeitszeit eine Rolle. Bist du z. B. auf feste Arbeitszeiten angewiesen, die genau eingehalten werden müssen, weil du dein Kind pünktlich von der Kita abholen willst? Gilt das für jeden Wochentag? Wenn das der Fall ist, hätte der Parameter Arbeitszeit wohl die höchste Priorität.

Flexible Arbeitszeiten beinhalten heute eine Vielzahl von Zeitmodellen, von einer Stunde Gleitzeit pro Tag bis zur Jahresarbeitszeit, in der du für ganze Monate selbstbestimmt pausieren oder durcharbeiten kannst.

Auch dazu kannst du dir zwei Fragen stellen:
- Welche Flexibilität kann ich im ersten Job mitbringen?
- Wie viele Kompromisse kann oder möchte ich zeitlich einbringen?

3. Arbeitsumgebung
In ein räumlich getrenntes Büro zu gehen, in einem Loft in der Innenstadt zu arbeiten, sich auf der umgebauten Fabriketage mit Kollegen auszutauschen, in der Mittagspause neue Menschen kennenzulernen – das kann eine große Attraktivität haben, wenn man längere Zeit zu Hause war. Mit einem Team Projekte stemmen, gemeinsam an einem Ziel arbeiten und sich gegenseitig unterstützen. Auch das kann die oberste Priorität sein, wenn man eine Zeitlang alles allein entschieden hat. Es gibt aber auch Wiedereinsteiger, die es viel schöner finden, zu Hause zu bleiben, auf den Arbeitsweg zu verzichten und dafür mehr Zeit für die Arbeit zu haben (oder für die Kinder neben der Arbeit).

Die folgenden zwei Fragen helfen dir, deine Bedürfnisse klarer zu sehen:
- Welche Bedeutung hat die Beschaffenheit der räumlichen Arbeitsumgebung für mich?
- Welchen Mehrwert kann ich aus der jeweiligen Arbeitsumgebung ziehen?

4. Gehalt
Wenn das Geld eines der vorrangigen Ziele für deinen Wiedereinstieg ist, dann wird es die höchste Priorität haben. Sei es, dass dein Einkommen wesentlich für den Haushalt ist, sei es, dass es für dich die allerhöchste Wertigkeit hat, eigenes Geld zu verdienen, oder weil dich Geld am stärksten motiviert. Auf jeden Fall gibt das erste selbstverdiente Geld nach längerer Auszeit ein gutes Gefühl.

Wenn du allerdings nicht sofort auf ein bestimmtes Einkommen angewiesen bist, betrachte nicht nur die kurzfristige Perspektive, sondern überlege auch, wie viel Geld du mittelfristig verdienen kannst. Es gibt Einstiegsjobs, die ehrlich gesagt lausig bezahlt werden für das, was du kannst. Dennoch könnte sich ein solcher Job lohnen, weil du darüber vielleicht Kontakte oder Wissen sammelst oder Zugang zu einem bestimmten Unternehmen erhältst. Dadurch verschaffst du dir mittelfristig wesentlich höhere Einkommensperspektiven.

Um herauszufinden, welchen Stellenwert die Gehaltshöhe für dich hat, beantworte dir die folgenden zwei Fragen:

- Wie wichtig ist mir die Höhe des Gehalts beim ersten Job?
- Welche finanziellen Perspektiven möchte ich haben?

Nimm dir zur Beantwortung aller Fragen etwas Zeit. Unterscheide zwischen dem, was für deinen ersten Wiedereinstiegsjob relevant ist, und dem, was du mittelfristig anstrebst. So kann die Arbeitsumgebung für dich mittelfristig eher nachrangig sein, aber gerade in deinem ersten Job nach dem Wiedereinstieg möchtest du dich morgens geschäftsmäßig anziehen, die Haustür hinter dir schließen und ins Büro gehen.

Bewege diese Fragen in deinem Kopf und tausche dich zu den einzelnen Aspekten mit anderen aus. Du wirst wahrscheinlich weitere Anregungen oder Hinweise bekommen, die du eventuell selbst nicht im Blick hast.

Mithilfe dieser Überlegungen hast du herausgefunden, wo es dich beruflich hinzieht. Im nächsten Kapitel schauen wir uns an, was du dafür benötigst und wie aus deinem Wunsch Realität wird.

Insights **!**

- Entwickle deine persönliche Work-Life-Balance.
- Die Frage lautet: Wofür willst du arbeiten?
- Fokussiere dich auf das, was dich begeistert.
- Das Kompetenzen-Scrabble führt dich zu neuen Berufsperspektiven.
- Unterscheide zwischen kurz- und mittelfristigen Prioritäten.

4 Schritt 4: Was kannst du? – Deine Kompetenzen und deine Selbstdarstellung

Ziele zu setzen ist der erste Schritt, das Unsichtbare in das Sichtbare zu verwandeln.
Tony Robbins

Du hast im vorigen Kapitel herausgefunden, was du möchtest und wohin deine berufliche Reise gehen könnte. Damit bist du schon einen großen Schritt weiter. Nun geht es darum, sich die dafür notwendigen Fähigkeiten anzueignen. Je nachdem, ob du beruflich etwas ganz Neues anfangen möchtest oder in deinem Bereich bleiben willst, gibt es heute unglaublich viele Möglichkeiten, sein Wissen zu erweitern oder zu aktualisieren. Wir geben in diesem Kapitel viele Anregungen und Ideen, auf welche Art und Weise das gelingen kann und welche Vorteile damit verbunden sind. Sprich in dieser Phase auch mit Freunden und Bekannten über deine Berufsideen. Oft kommen in solchen Gesprächen weitere hilfreiche Impulse, wie und wo du deine Kompetenzen erweitern kannst.

Damit du deine schon vorhandenen Qualifikationen in bestmöglicher Weise darstellen kannst, zeigen wir dir auch, wie du deinen Lebenslauf trimmst und deine Selbstdarstellung interessant gestaltest.

All das sind wichtige Voraussetzungen, um sich erfolgreich auf eine Position zu bewerben. Durch diese Vorarbeiten wirst du das berufliche Selbstbewusstsein gewinnen, mit dem du zukünftige Arbeitgeber überzeugen wirst.

Wir sprechen in diesem Kapitel also über:

- das Update deiner Kompetenzen
- deinen Lebenslauf
- deine 60-Sekunden-Berufsstory

4.1 Update für deine Kompetenzen

Welche Kompetenzen brauchst du, um deinen angestrebten Job ausüben zu können? Die Antwort darauf wird individuell unterschiedlich ausfallen. Je näher du an deinem früheren Berufsfeld bleibst, umso eher geht es darum, vorhandene Fähigkeiten an den aktuellen Stand anzupassen. Unterschätze nicht, was du noch alles weißt und kannst! Dein Wissen und Können benötigen höchstwahrscheinlich nur ein kleines Update.

Wenn du dich beruflich umorientierst, wirst du neue Kompetenzen brauchen. Es ist eine Typsache, ob du als Autodidakt in einen neuen Bereich wechseln willst oder dafür eine formale Qualifikation anstrebst. Es hängt auch von der Branche ab, welche formalen Voraussetzungen notwendig sind. Die gute Nachricht ist, diese kannst du in jedem Alter erwerben. Tatsächlich gibt es immer mehr Menschen, die mit 40 oder 50plus ein Studium aufnehmen, beenden und dann in einer neuen Position tätig sind. Auch eine Lehre ist in dem Alter keine Seltenheit mehr. So z. B. Nina:

!

Beispiel: Nina macht ihr Hobby zum Beruf

Nina hatte schon immer gerne fotografiert, dies aber bislang nur als Hobby betrieben. Je größer die Kinder wurden, desto stärker wuchs der Wunsch in ihr, wieder arbeiten zu gehen. Am liebsten wollte sie ihr Hobby, das Fotografieren, zum Beruf machen. Um das Ganze auf professionelle Beine zu stellen, bewarb sie sich mit 45 Jahren bei einem Fotografen in der Nähe auf einen Ausbildungsplatz. Sie wurde angenommen! Sie hat die Ausbildung abgeschlossen und sich mittlerweile als Fotografin für Hochzeiten und Veranstaltungen erfolgreich selbstständig gemacht. Nina findet, es war eine ihrer besten Entscheidungen, diese Lehre zu machen, weil sie erst dadurch das Zutrauen in sich als Fotografin gewonnen hat.

Für den Arbeitgeber liegt der Reiz dieser »Senior Azubis« oft in ihren Soft Skills. Sie sind zuverlässig, verbindlich und wissbegierig. All das macht sie zu gern gesehenen Bewerbern für Ausbildungsstellen. Das ist für Restartern eine gute Chance. Zumal es aktuell ohnehin mehr Ausbildungsplätze als Bewerber gibt.

Soft Skills spielen in der Arbeitswelt eine immer größere Rolle. Nach einer Umfrage unter 5.000 Personalentscheidern sind die Soft Skills mittlerweile genauso wichtig wie die Hard Skills eines Bewerbers.[13] So sagt zum Beispiel Gundula Novy, Personalleiterin bei dem internationalen Kunststoffhersteller Coexpan Deutschland GmbH:

> *»Soft Skills / Cultural Fit / Mindset sind deutlich wichtiger als Hard Skills / Fachkenntnisse. Wir haben ein üppiges Schulungsbudget und bilden unsere Mitarbeiter sowohl extern als auch intern gezielt weiter.*
> *Unsere Philosophie ist »Fachkenntnisse kann man sich aneignen, Mindset nicht«. Im Zweifel entscheiden wir uns für den niedrig qualifizierten Mitarbeiter mit dem richten Mindset. Und das schon seit Jahren.«*[14]

Der Stellenwert von Soft Skills wird weiter zunehmen. Gesuchte Schlüsselfähigkeiten für die Zukunft sind:

1. Problemlösefähigkeit
2. Überzeugungsfähigkeit
3. Anpassungsfähigkeit
4. Zeitmanagement
5. Teamfähigkeit

Das sind alles Fähigkeiten, die erprobte Familienmanager aus dem Effeff beherrschen. Das ist ein großer Vorteil für dich! Mit deiner Lebenserfahrung und Persönlichkeit kannst du bei den Soft Skills aus dem Stand überzeugen. Nutze das!

So wichtig die Soft Skills heute sind, natürlich benötigst du auch die entsprechenden Hard Skills. Der allererste und wichtigste Hard Skill, der fast in jedem Job verlangt wird, ist die Beherrschung digitaler Anwendungen. Also das, was früher das Schreiben und Rechnen war. Grundsätzliche digitale Fähigkeiten bilden heute die Basis der Berufsausübung in zahlreichen Branchen. Je vertrauter du im Umgang mit den neuen Technologien bist, umso vielfältiger sind deine beruflichen Optionen. Wenn du dich in diesem Bereich noch unsicher fühlst, solltest du unbedingt einen Kurs belegen, um diese Fähigkeiten aufzubauen. Es gibt an jeder Volkshochschule altersunabhängige Kurse für Anfänger. Wähle einfach den aus, der dir am meisten zusagt, und du wirst begeistert sein, was du dort alles lernst. Ganz nebenbei lernst

13 LinkedIn Talent solutions, 2019, S. 7-8.
14 Interview von Restart Today mit Gundula Novy vom 10.12.2019.

du dort auch wieder neue Leute kennen, die vielleicht in einer ähnlichen Situation sind und mit denen du dich austauschen kannst.

Auch wenn du dich gar nicht bewerben, sondern selbstständig arbeiten möchtest, können wir dir nur dringend empfehlen, deine digitalen Fähigkeiten in entsprechenden Kursen auszubauen. Abgesehen von Grundkenntnisse in digitalen Anwendungen benötigst du je nach Branche und Position weitere fachbezogene Qualifikationen, Kenntnisse und Kompetenzen. Im Folgenden stellen wir verschiedene Wege vor, wie du dir diese Fähigkeiten aneignen kannst.

Die besten Wege, um deine Skills aufzufrischen oder neue anzueignen, fassen wir auf den folgenden Seiten zusammen:

a) Kurse/Seminare

In Kursen wie z. B. bei Volkshochschulen oder Bildungseinrichtungen kannst du einzelne Kenntnisse aktualisieren. Zentral sind Kenntnisse der neuen Technologien und bestimmter Softwareprogramme. Sprachkenntnisse oder spezielle Themen aus Wirtschaft und Verwaltung kannst du ebenfalls in Kursen auffrischen. Dadurch lernst du zugleich auch wieder, zu lernen und dich mit komplexen Fragestellungen auseinanderzusetzen. Auch diese Fähigkeit ist in den letzten Jahren sicherlich etwas eingerostet und muss neu eingeübt werden.

b) Fort- und Weiterbildungen

In Fort- und Weiterbildungen erweiterst du dein branchenbezogenes Wissen um einen neuen Schwerpunkt. Das ist eine gute Möglichkeit, um sich wieder in die Materie einzuarbeiten. Gleichzeitig setzt du dich mit dieser aktuellen Spezialisierung von anderen Interessenten ab. Das wird dir bei der Bewerbung nützen. Es gibt Hunderte von Weiterbildungen und genauso viele Anbieter. Bedenke bei der Auswahl folgende Aspekte:

- Wähle nur Weiterbildungsthemen aus, die selbst ernsthaft interessieren. Du wirst Zeit, Geld und Energie investieren müssen. Das lohnt sich nur, wenn dich das Ziel reizt und motiviert.
- Überlege auch, wie sinnvoll diese Fortbildung ist, um deinen angestrebten Job zu erreichen. Passt das inhaltlich zusammen?
- Achte auf den Anbieter der Fortbildung. Wenn du die Fortbildung bei einem Branchenverband oder einer ähnlichen Institution machst, hast du in der Regel Mitschüler, die in dem Bereich berufstätig sind. Nutze das für dich aus. Betrachte diese Kontakte als deine ersten Anknüpfungspunkte zurück in den Job.

Im Anhang und auf mybook.haufe.de (Arbeitshilfe 11) haben wir einige Internetadressen aufgeführt, mit denen du Fort- und Weiterbildungen nach Themen und Regionen recherchieren kannst.

c) Ehrenamt

Strategisch gut gewählt, kann das Ehrenamt ein wichtiger Punkt in deinem Lebenslauf sein. Nimm nicht einfach irgendein Ehrenamt an. Welche Fähigkeiten oder Kompetenzen möchtest du aktualisieren, einsetzen, erweitern? Welche Talente vielleicht sogar erstmalig ausprobieren? Suche dir gezielt ein Ehrenamt, bei dem du diese Fähigkeiten anwenden und praktizieren kannst.

Klassische Anlaufstellen für das Ehrenamt waren früher Kirchenkreise und die Gemeinde. Mittlerweile hat das Ehrenamt aber einen so hohen sozialen Status, dass sich immer mehr dafür interessieren. Dank des Internets sind auch viele spannende und breit gefächerte Plattformen entstanden. Einige davon sind: volunthero.de, vostel.de und als App letsact.de. Es gibt daneben zahlreiche weitere Anbieter, die du über Google findest. Dort kannst du deine verfügbare Zeit und deine Interessen eingeben und erhältst sofort Angebote in deiner Umgebung. Was wäre, wenn du deine PR-Kenntnisse nutzt, um einer Nachbarschaftsinitiative mehr Öffentlichkeit zu verschaffen? Mit dieser Tätigkeit eignest du dir zugleich aktuelle digitale Kompetenzen an. Oder wenn du deine Sprachkenntnisse nutzt, um einen deutsch-brasilianischen Schüleraustausch zu unterstützen? Es gibt verschiedenste Möglichkeiten, die es dir ermöglichen, deine Kompetenzen auf diese Weise aufzufrischen.

d) Kurzzeitpraktikum

Nicht jeder hat Lust, noch einmal die Schulbank zu drücken. Dann könnte ein Praktikum das Richtige für dich sein. Ein Praktikum bietet dir die Möglichkeit, *on the job* und in Kontakt mit anderen deine Kompetenzen aufzufrischen. Klingt eigenartig? Was wäre, wenn du als ausgebildete Apothekerin nach zehn Jahren Berufspause vier Wochen in einer Apotheke mitarbeiten könntest? Was wäre, wenn du als ausgebildeter Mediaplaner wärst und nach fünf Jahren Auszeit einige Wochen in einer Media-Agentur einen Berater begleiten würdest? Das klingt nach Praxis, nach Erfahrungen sammeln, nach Einsatz zeigen.

Ein Praktikum ist eine großartige Chance, um herauszufinden, ob du und dein alter Beruf noch zusammenpassen. Im besten Fall könnte auch aus diesem Praktikum ein neuer Arbeitsplatz entstehen.

Suche dir einen Praktikumsplatz vor allem danach aus, ob du dabei wirklich etwas zu tun hast. Stelle dein Licht nicht unter den Scheffel. Du bist nicht in einem Schülerpraktikum, sondern bringst zahlreiche, hochwertige Erfahrungen mit. Das darfst du auch klar kommunizieren. Es kann eine attraktive Win-win-Situation für beide Seiten werden. Du erhältst die Chance zu testen, ob du in diesem Job noch arbeiten willst, und der Praktikumsgeber kann auf unkomplizierte Weise erfahren, was du kannst und ob ihr zusammenpasst.

e) Langzeitpraktikum

Ein Praktikum kann auch der Startpunkt in deine nächste Berufskarriere sein, wenn du dich beruflich umorientieren möchtest. Willst du in eine unbekannte Branche reinschnuppern, um zu prüfen, ob es für dich das Richtige sein könnte? Dann könnte ein Langzeitpraktikum von drei bis neun Monaten eine gute Option für dich sein. So gibt es vor allem im Nonprofit-Bereich vielfältige Varianten, um als Volunteer oder Hospitant Einblick zu erhalten. Der Vorteil eines Langzeitpraktikums ist, dass du aus der Innenperspektive und über die längere Verweildauer viel mehr erfährst, als wenn du die Branche von außen betrachtest. In dieser Situation lassen sich Kontakte knüpfen, die dir einen festen Arbeitsplatz ermöglichen könnten. Der Nachteil eines Langzeitpraktikums könnte sein, dass du zwar viel lernst, aber keine formale Qualifikation erwirbst.

f) Ausbildung

Eine Ausbildung bietet im Unterschied zum Praktikum einen formalen Abschluss, der oftmals die Voraussetzung für die Berufsaufnahme ist. Eine Ausbildung könnte aus verschiedenen Gründen für dich der nächste Schritt sein. Vielleicht hast du einen lang gehegten Berufswunsch, den du jetzt mit einer Ausbildung realisieren möchtest. So wie in unserem Beispiel Nina, die Fotografin werden möchte.

Eine Ausbildung ist aber auch eine Option, wenn der frühere Beruf keine Perspektive mehr bietet und du einen neuen Job mit größerer finanzieller Sicherheit und besseren Entwicklungsmöglichkeiten suchst. Schließlich kann eine Ausbildung sinnvoll sein, wenn du zwar Berufserfahrung hast, aber keine formale Qualifikation, die deine Erfahrung und Kenntnisse bestätigen.

Eine Ausbildung ist mittlerweile in fast jedem Alter möglich. Im Jahr 2017 haben über 15.000 Personen mit 40 Jahren oder älter eine Prüfung für einen Ausbildungsberuf abgelegt.[15] Tendenz steigend.

Die Wahl der Ausbildungsberufe reicht von Bankkaufmann über Modeschneider bis zu Media-Designer. Abhängig von den bisherigen Berufserfahrungen gibt es vielfältige Einstiegs- und Abschlussmöglichkeiten. So ist eine Ausbildung in Teilzeit möglich, bestimmte Berufsschulblöcke können ausgelassen werden und im Einzelfall kann direkt eine Abschlussprüfung beantragt werden. Die Handwerks- und Handelskammern der einzelnen Bundesländer informieren hierzu. Die wichtigsten Adressen findest du im Anhang.

Eine Ausbildung klingt vielleicht zunächst nach einem Rückschritt, nach geringem Gehalt, nach Anfänger. In der Tat hat es von allem ein bisschen. Das ist aber nur zu Beginn der Fall! Du hast noch viele Jahre Berufsleben vor dir, vielleicht fünfzehn, zwanzig oder fünfundzwanzig Jahre. Wenn du diese in einem Job verbringst, der dir Spaß macht und dich begeistert, fallen die zwei oder maximal drei Jahre Ausbildung nicht mehr ins Gewicht.

g) Studium

Alternativ zu einer Ausbildung kann auch ein Studium dein nächster Schritt sein. Das hängt vor allem davon ab, was dein berufliches Ziel ist.

Die Entscheidung zwischen einer Ausbildung und einem Studium hängt nicht nur von den Kompetenzen und Qualifikationen ab, die du dir aneignen möchtest. Es kommen noch andere Faktoren mit ins Spiel. Zum einen lässt sich ein Studium viel einfacher in dein jetziges Leben integrieren als eine Ausbildung. Du entscheidest, wie viel Zeit du investieren möchtest, wo und wann du studierst und wann du einmal pausierst.

15 Berufsbildungsstatistik DAZUBI, https://www.bibb.de/dazubi.

Du bist während des Studiums noch nicht wieder im Job. Das ist ein wichtiger Unterschied zur Ausbildung. Zudem kannst du ein Studium relativ leicht aufnehmen, während du für eine Ausbildung einen Ausbildungsbetrieb finden und von dir überzeugen musst. Dazu ein Beispiel:

!

Beispiel: Anne beginnt mit 46 ein Studium

Anne hat nach der Geburt ihrer drei Kinder eine Berufspause eingelegt, dann einige Jahre gearbeitet und anschließend aufgrund eines Ortswechsels wieder eine Pause eingelegt. Mit 46 Jahren entschließt sie sich, an der Fernuniversität Hagen ein Studium zur Immobilienwirtin anzufangen. Das ist anstrengend, weil ihr das Lernen schwerer fällt als früher. Aber sie kann das Studium zeitlich gut mit ihren familiären Verpflichtungen vereinbaren. Nach dem Abschluss vergeht wieder eine Weile, ehe sie sich mit 52 bei einer Hausverwaltung bewirbt und angenommen wird. Seit zwei Jahren ist sie dort tätig und verfügt jetzt mit 54 Jahren bereits wieder über zwei Jahre Berufserfahrung. Womit sie für viele weitere Arbeitgeber interessant ist.

Ähnlich der Ausbildung steigt auch an den Universitäten der Anteil der Studenten, die 40 Jahre und älter sind. Mit 40, auch mit 50 sind wir heute geistig so fit und haben noch so viele Arbeitsjahre vor uns, dass diese Variante sehr attraktiv sein kann. Nicht nur deine Entwicklungsmöglichkeiten, auch deine Einkommensperspektiven steigen dadurch erheblich.

!

Action Step 8: Deine Soft und Hard Skills

Notiere die Kompetenzen, unterteilt in Soft und Hard Skills, die du für deinen zukünftigen Berufsweg aktualisieren oder erweitern möchtest. Damit verschaffst du dir einen ersten Überblick.

Setze dir ein Datum, wann du welche Kompetenz ergänzt. Das Setzen eines Datums ist wichtig, weil es deine Selbstverpflichtung erhöht.

Formuliere nur Ziele, die du auch wirklich erreichen kannst. Es macht keinen Sinn, sich acht Kompetenzen aufzuschreiben und nachher keine davon zu bearbeiten. Dann lieber nur zwei und diese dann auch wirklich.

Hefte diesen Zettel an deine Wall of Fame.

Soft skills, die ich aktualisieren oder erweitern möchte:

Bis wann:

Zeitmanagement!!! Kursus bei VHS, 15. Mai

Selbstdarstellung, Training-Akademie 22.-23. April

Hard Skills, die ich aktualisieren oder erweitern möchte:

Englischkenntnisse Babbel online angemeldet eben.

R- für Marktforscher BVM Workshop August

Abb. 13: Liste der Skills, die ich aktualisieren oder erweitern möchte (Beispieltext)

Kosten und Zeit

Weiterbildung wird staatlich gefördert. Berufstätige können alle zwei Jahre zwei Wochen Bildungsurlaub beanspruchen. Aber soweit bist du im Moment noch nicht. Dennoch gibt es auch für dich verschiedene Unterstützungsangebote von öffentlichen Trägern. Eine Anlaufstelle für die Finanzierung von Kursen, Fortbildungen und Umschulungen ist die Agentur für Arbeit. Daneben gibt es Angebote wie die Bildungsprämie (bildungsprämie.de) und das Aufstiegs-Bafög (aufstiegs-bafoeg.de), die fallweise Zuschüsse vergeben. Ein Blick auf diese Seiten lohnt sich, um herauszufinden, ob du zu dem Kreis der Antragsberechtigten gehören könntest.

! **Unser Tipp**

Sämtliche Weiterbildungskosten können als Werbekosten bei der Steuererklärung veranschlagt werden. Wenn du nicht berufstätig bist, aber in einer Lebens- und Steuergemeinschaft lebst, könnten diese Kosten angerechnet werden. Prüfe das im Einzelfall mit einem Steuerberater.

Kompetenzen aufzufrischen oder neu zu erwerben kostet Zeit. Je umfangreicher eine Neuorientierung ausfällt, umso früher solltest du mit der Planung und Umsetzung beginnen. Um eine Weiterbildung oder ein Studium aufzunehmen, musst du ja zu diesem Zeitpunkt noch nicht entscheiden, ob du in drei, vier oder fünf Jahren wieder berufstätig sein möchtest. Das ergibt sich im Laufe der Zeit.

4.2 Dein Lebenslauf – die Kunst der Selbstdarstellung

Wenn es um den Lebenslauf geht, hören wir sehr oft von Restartern Sätze, wie »Ich habe keine Erfolge, die ich in meinem Lebenslauf nennen könnte« oder »Ich habe keine besonderen Kompetenzen, auf die ich verweisen könnte« oder »Ich habe immer nur das eine gemacht«.

Aber jedes, wirklich jedes einzelne Mal lag die Person falsch. Jeder von uns hat bereits Etliches erreicht und zahlreiche Erfolge und Kompetenzen angesammelt; sei es nun im oder neben dem Job. Alle diese Erfahrungen prägen und bereichern deine Persönlichkeit. Viel bedeutsamer ist, dass jede einzelne Kompetenz, jeder Erfolg das Potenzial haben könnte, dich in deine nächste Berufstätigkeit zu befördern.

Beim Lebenslauf geht es darum, deine Kompetenzen und Fähigkeiten präzise zu beschreiben. Benenne also genau, was du alles kannst, damit Personalverantwortliche davon Kenntnis erlangen. Wenn du ihnen nicht sagst, was du kannst, woher sollen sie es dann wissen?

Nach unserer Erfahrung machen Restarter immer wieder zwei Fehler:
- Sie reden ihr Können klein.
- Sie lassen wichtige Qualifikationen außer Acht.

Falls es dich tröstet, es geht es nicht nur Wiedereinsteigern so, dass sie häufig viel mehr können, als sie im Lebenslauf darstellen. Selbst langjährig Berufstätige auf allen Führungsebenen tun sich damit schwer. Insgesamt sind es mehr Frauen als

Männer, die bestimmte Qualifikationen für selbstverständlich nehmen und daher nicht explizit erwähnen. Das ist ein Fehler. Wir zeigen dir, wie du das umgehst, worauf du achten solltest und was es zu vermeiden gilt. Es lohnt sich, dafür Zeit zu investieren. Mit einem gelungenen Lebenslauf erweckst du sofort die Neugier des Lesers und setzt dich schon dadurch von anderen Bewerbern ab.

Ein guter Lebenslauf beantwortet die beiden Schlüsselfragen des Arbeitgebers auf einen Blick, nämlich:

- Was bringst du mit, was für mich wertvoll sein könnte?
- Warum soll ich dich einstellen und nicht einen anderen Bewerber?

Um auf diese Fragen eine überzeugende Antwort zu geben, ist ein bisschen Vorarbeit nötig, die sich aber wirklich lohnt!

Hebe deinen Erfahrungsschatz

Beginne die Vorarbeit, indem du alle deine bisherigen Berufserfahrungen auflistest. Wenn du bereits das Fact-Sheet (vgl. Kapitel 3.4, Abb. 10) ausgefüllt hast, greife einfach darauf zurück. Wenn du es noch nicht ausgefüllt hast, mache es jetzt. Du wirst feststellen, dass wir über berufliche, außerberufliche und ehrenamtliche Erfahrungen sprechen. Alle diese Tätigkeiten und Erfahrungen stehen in diesem Moment gleichwertig nebeneinander. Ob du für eine Tätigkeit bezahlt wurdest oder nicht, spielt für deine Kompetenzen keine Rolle.

Diese Liste deiner Tätigkeiten ist ein Grundgerüst, sie sagt noch nichts darüber aus, was du im Detail gemacht hast und was du besonders gut konntest. Es fehlt sozusagen das Futter oder die Substanz, um die Qualität deiner Arbeit zu erkennen! Überlege dir daher für jede Tätigkeit, was dir dabei besonders gut gelungen ist, was ein Highlight war oder wofür dich Kollegen oder Kunden besonders gelobt haben.

Hilfreiche Fragen, die du dir stellen kannst, um das herauszufinden, sind:

- Welche Initiativen oder Projekte habe ich geleitet, die einen Zuwachs an Kunden, Umsatz, Gewinn oder anderem gebracht haben?
- Inwiefern habe ich neue Projekte, neue Kunden, neue Supporter gewinnen können?
- Inwiefern hat meine Mitarbeit das Team, das Unternehmen, die Produktentwicklung weitergebracht?

Am besten notierst du deine Antworten, auch wenn es etwas mehr Arbeit bedeutet. Denn beim Schreiben wird deine Kreativität stärker angeregt, als wenn du die Antworten nur in Gedanken suchst. Deine Antworten haben noch mehr Überzeugungskraft, wenn du sie mit Zahlen untermauern kannst, indem du z. B. sagst, wie viele neue Kunden du generiert oder wie viel Umsatz du erwirtschaftet hast.

Zwei Beispiele: Falls das Finanzcontrolling zu deinen Tätigkeiten gehörte, könntest du sagen, dass du 10 % Kosteneinsparungen erzielt hast. Falls du ehrenamtlich als Kassenwart in der Kita gearbeitet hast, könntest du sagen, dass du in deiner Amtszeit die Kasse aus dem Minus auf 0 gebracht hast. Wenn du deine Aussagen so formulierst, belegst du deine Kompetenzen substanziell mit Beispielen.

Nicht in allen Branchen lassen sich Erfolge mit Zahlen messen. Vielleicht hast du die Angaben auch nicht mehr vorliegen oder kannst dich nicht mehr genau erinnern. Versuche dann auf andere Art eine qualitative Aussage zu treffen. Verwende Begriffe, die das Positive deiner Arbeit unterstreichen, wie z. B. »Verbesserungen«, »Zuwächse«, »Zeiteinsparungen«, »Weiterentwicklungen« etc.

Hilfreiche Fragen, die du dir stellen kannst:

- Wie haben sich die Personen, die ich betreut habe, entwickelt?
- Wie habe ich Mitarbeiter oder Kollegen motiviert und unterstützt?

Halte auch diese Antworten schriftlich fest und bewahre deine Notizen gut auf, sie sind ein wichtiges Arbeitspapier für deinen Lebenslauf.

Deine Soft Skills

Du hast im vorigen Punkt bereits deine Tätigkeiten beschrieben und mit Erfolgen belegt. Das ist ein sehr wichtiges Qualitätskriterium für deinen Lebenslauf. Aber du kannst ja viel mehr. Im nächsten Punkt geht es darum, deine Soft Skills zu kennen und kommunizieren zu können. Soft Sills sind Fähigkeiten wie Teamfähigkeit, Überzeugungskraft, Begeisterungsfähigkeit, Eigenverantwortung, Durchsetzungsfähigkeit, Flexibilität. Um herauszufinden, was dich auf dieser Ebene auszeichnet, helfen dir folgende Fragen:

- Was unterscheidet mich von jemanden mit demselben beruflichen Hintergrund?
- Was mache ich anders, besser, als andere?
- Wovon profitiert ein Arbeitgeber am allermeisten, wenn er mich einstellen würde?
- Wofür haben mich meine ehemaligen Kollegen oder Kunden am meisten geschätzt?

Gehe im nächsten Schritt genauso vor wie oben beschrieben: Suche wieder messbare Beispiele, die das Gesagte untermauern, und notiere dir das ebenfalls.

Formuliere mit Substanz

Du wirst überrascht sein, wie viele Aspekte auf die eine oder andere Weise messbar sind. Etwas Messbares wirkt immer sehr viel überzeugender, weil es objektiv und vergleichbar ist. Um dir den Unterschied zu verdeutlichen, haben wir die Aussagen von zwei verschiedenen Bewerbern aufgeführt:

Formulierungsbeispiel !

Bewerber A: »Leitung eines kleinen Teams«
Bewerber B: »Fünf Jahre interdisziplinäre Teams mit zehn Mitarbeitern geleitet«

Vielleicht sind Bewerber A und B gleichermaßen qualifiziert. B wirkt jedoch kompetenter, allein weil er präzise und messbare Informationen liefert, während A vage bleibt.

Ein weiteres Beispiel: Man kann ein Ehrenamt auf zwei Arten beschreiben:

Formulierungsbeispiel !

Bewerber A: »Organisation eines Bauernmarktes mit regionalen Produkten«
Bewerber B: »Organisation eines Bauernmarktes mit 20 Anbietern aus der Region und rund 400 Besuchern.«

Was wirkt kompetenter und weckt mehr Neugier? Die meisten würden sagen: Die Aussage des Bewerbers B.

Wenn du deinen Lebenslauf schreibst, achte bei wirklich jeder Tätigkeit darauf, Erfolge und messbare Belege anzuführen. Mit diesen gehaltvollen Aussagen erhält dein Lebenslauf eine Wertigkeit, die sich qualitativ von vielen anderen Lebensläufen abhebt. Womit deine Chancen, zu einem Vorstellungsgespräch eingeladen zu werden, deutlich steigen.

Bevor wir zum formalen Aufbau und zum Inhalt des Lebenslaufes kommen, wollen wir uns der Frage widmen, die dir wahrscheinlich am meisten unter den Nägeln brennt: »Wie gehe ich mit der Lücke im Lebenslauf um?«

4.2.1 Die Lücke im Lebenslauf

Aus Sicht von Personalverantwortlichen besteht eine Lücke im Lebenslauf, wenn dieser über drei oder mehr Monate eine berufliche Leerzeit aufweist. Wenn du also ein Jahr deinen Vater gepflegt hast, selbst krank warst oder eine halbjährige Weltreise gemacht hast oder auch ein Jahr für die Jobsuche benötigt hast, wird dieser Zeitraum als Lücke registriert und spätestens im Vorstellungsgespräch kommuniziert werden.

Die meisten Teilnehmerinnen und Teilnehmer unserer Workshops sind aber noch viel länger aus dem Job heraus. Oft etliche Jahre, schon allein weil sie ihre Kinder aufwachsen sehen wollten. Aber um dich direkt zu beruhigen:

Eine Lücke im Lebenslauf, egal wie groß sie ist, ist kein Ausschlusskriterium!

Wir hören von Restartern immer wieder, dass sie befürchten, aufgrund ihrer beruflichen Pause nie mehr einen adäquaten Job zu bekommen. Deswegen können wir gar nicht genug betonen, dass diese Lücke allein nicht darüber entscheidet, ob du wieder in den Job zurückkommst. Entscheidend ist vielmehr, wie du mit deiner »Lücke« umgehst, wie du sie kommunizierst und was du bereit bist, für die Zukunft zu tun.

Von Vorteil ist es, wenn du diese »Lücke« mit Tätigkeiten füllen kannst, aus denen sich berufliche Kompetenzen ableiten lassen. Wenn du z. B. einen Schulaustausch organisiert hast, könnte man daraus organisatorische und kommunikative Kompetenzen ableiten, die im Job benötigt werden. Wenn du eventuell Elternsprecherin warst, vermutet man, dass du gut Interessen bündeln und vertreten kannst – auch das sind wichtige berufliche Kompetenzen.

Wir wissen, dass dein Alltag in der Auszeit prall gefüllt war. Wenn du drei Kinder großgezogen hast, ist uns klar, dass du belastbar bist, mit verschiedensten Interessen jonglieren und flexibel mit Veränderungen umgehen kannst. Abgesehen von zahlreichen weiteren Organisationsfähigkeiten. Aber so denkt ein Personalentscheider nicht. Er möchte handfeste Belege für *berufsähnliche* Kompetenzen und Qualifikationen. Deshalb unser Rat: Suche Aktivitäten, denen du während deiner Auszeit nachgegangen bist, um deine Fähigkeiten zu belegen. Wie zum Beispiel einen Schulaustausch oder ein Ehrenamt etc.

Wenn du darlegen kannst, dass du in der Zeit zusätzliche berufsähnliche Qualifikationen erwerben konntest, umso besser. Das unterstreicht dein Interesse an beruflicher Weiterentwicklung und vermittelt Engagement und Eigeninitiative. Das sind drei wesentliche Punkte, die jeder Arbeitgeber gerne sieht.

Wir verstehen die berufliche Auszeit ohnehin nicht als Lücke, sondern als eine Pause. Lücke klingt, als ob etwas fehlt, eine Pause ist dagegen eine temporäre Unterbrechung. Dieser Unterschied hat eine große Auswirkung auf dein berufliches Selbstverständnis! Mach dir diese Einstellung zu eigen und gewöhne dir am besten gleich an, nur noch von einer »Pause« zu sprechen, wenn du von deinem Beruf erzählst! Jetzt ist die Pause zu Ende, du wirst wieder berufstätig und setzt deine Karriere fort.

Wie du eine Pause positiv im Lebenslauf formulieren kannst, zeigen wir dir an dem folgenden Beispiel:

6/2013 – jetzt **Elternzeit**

- Besuch von Workshops und Seminare zu »E-Learning in Unternehmen«
- Finanzvorstand der Kita »Lauter Kinder im Glück«
- zeitweise Elternsprecherin

Es gibt Tätigkeiten, die dir vielleicht banal erscheinen. Sei es, dass du im Verein den Facebook-Account betreust, Spendengelder eingesammelt oder Flyer erstellt hast. Sei es, dass du einen Hunde-Blog aufgesetzt hast, für Freunde regelmäßige Back-Abende organisierst oder Schülerpraktika betreust. Aus all dem kann ein Personalentscheider wichtige Soft und Hard Skills ableiten. Wenn du in dieser Zeit keine formalen Qualifikationen erworben hast und keine berufsähnlichen Tätigkeiten inne hattest, gibt es mehrere Möglichkeiten.

Wenn du Mutter oder Vater bist könntest du z. B. schreiben:

10/2014 – heute Vollzeit zu Hause, zwei Kinder (2014, 2016 geboren)

Wenn du aus anderen Gründen eine Auszeit hattest, achte darauf, wie du diese im Lebenslauf benennst. Fahrlässig wäre es z. B., einen halbjährigen Urlaub als Sprachurlaub darzustellen. Der Personalentscheider wird erstens ein Zertifikat sehen wollen und zweitens im Vorstellungsgespräch deine Sprachkenntnisse testen. Das könnte im schlechtesten Fall unangenehm werden. Schreibe auch nie, dass du nichts gemacht hast, gebe jeder Aussage einen positiven Twist, zum Beispiel:

10/2016 – heute	berufliche Neuorientierung mit dem Ziel einer Positionierung im Bereich PR

Das klingt engagiert und zeigt deine Fähigkeit zu fokussieren. Mache dich aber auch darauf gefasst, das Nachfragen gestellt werden, warum du in die PR gehen willst.

! **Unser Tipp**

Deine Pause war keine tatenlose Zeit, gestalte sie im Lebenslauf positiv, ohne den breiten Weg der Wahrheit zu verlassen. Auch Personalentscheider wissen, dass das Leben keine gerade Linie ist. Es gibt mittlerweile sogar immer häufiger Personalentscheider, die selbst Brüche in ihren Lebensläufen haben.

Unternehmen suchen auch in erster Linie nicht einen makellosen Lebenslauf, sondern jemanden, der für den Job geeignet ist. Diese Person kannst du trotz deiner Pause sein. Es kommt nur darauf an, ob du Fähigkeiten hast, die auf den Job bezogen sind, oder du das Zutrauen besitzt, dir diese aneignen zu können und dies auch glaubwürdig vermitteln kannst.

! **Gut zu wissen**

Du bist nicht verpflichtet, im Lebenslauf anzugeben, ob du Kinder hast. Es gibt Eltern, die es ganz weglassen und es gibt Eltern, die es in den Lebenslauf aufnehmen. Es gibt hier kein besser oder schlechter. Auch hier gilt: Womit du dich besser *fühlst*, das ist für dich das Richtige.

Der Aufbau deines Lebenslaufs

Nachdem wir jetzt angeschaut haben, welche Inhalte für einen guten Lebenslauf wesentlich sind, gucken wir uns nun an, wie ein Lebenslauf formal aufgebaut ist. Wahrscheinlich hast du noch eine grobe Vorstellung von dem Aufbau. Aber da der richtige formale Aufbau wichtig ist, wollen wir hier auf die Feinheiten eingehen.

Der Lebenslauf ist mit dem Anschreiben deine **erste Arbeitsprobe**, die du abgibst. Achte daher auf ein übersichtliches Layout. Vermeide zu viele unterschiedliche Schrifttypen und -größen, Schriftvarianten wie fett oder kursiv oder farbige Absetzungen. Dein Lebenslauf soll nicht durch eine wilde Aufmachung überzeugen, sondern durch seinen Inhalt.

Der **Umfang** ist weitgehend vorbestimmt. Unabhängig davon, wie viele berufliche Erfahrungen du bereits gesammelt hast, sollte dein Lebenslauf maximal zwei DIN-A4-Seiten umfassen. Wenn du mehr Platz brauchst, könntest du zu viele Details aufgeführt haben oder nicht fokussiert genug sein.

Die **Struktur** soll es dem Leser leicht machen, deinen Werdegang nachzuvollziehen. Es hat sich eingebürgert, den Lebenslauf wie folgt zu strukturieren:

- persönliche Daten
- beruflicher Werdegang
- besondere Kenntnisse
- Interessen
- Datum und Unterschrift

Schauen wir uns die einzelnen Bereiche genauer an.

a) Persönliche Daten

Deine persönlichen Daten umfassen Vor- und Zuname, Geburtstag, Adresse, Telefon, E-Mail-Adresse. Diese Daten setzt du oben links auf der Seite. Achte bei der E-Mail-Adresse darauf, dass sie professionell wirkt. Also nicht »Schroedersontour@gmx.de oder »die2Lisas@web.de«, sondern verwende eine E-Mail-Adresse mit deinem Namen.

Zu den persönlichen Daten gehört auch ein Bewerbungsfoto. Dieses Foto ist keine Pflicht, aber Umfragen unter Personalleitern haben ergeben, dass sie durch das Bewerbungsfoto einen vollständigeren Eindruck erhalten. Deswegen raten wir dir, ein Bewerbungsfoto hinzuzufügen. Das Foto sollte rechts von deinem Namens- und Adressblock angeordnet sein. Lass das Foto von einem professionellen Fotografen erstellen. Es gibt viele Fotografen und Fotostudios, die sich auf Bewerbungsfotos spezialisiert haben, und die Kosten sind überschaubar. Diese Investition lohnt sich auf jeden Fall. Ein professionelles Bewerbungsfoto wirkt immer seriöser als ein privat erstelltes Foto. Außerdem erhältst du eine hochwertige digitale Kopie, die du für deine beruflichen Netzwerke nutzen kannst.

b) Beruflicher Werdegang

Bei der Gliederung deines beruflichen Werdegangs kommt immer das Aktuellste zuerst. An oberster Stelle steht also das, was du zuletzt gemacht hast. Darunter folgen alle anderen Tätigkeiten in umgekehrter chronologischer Reihenfolge.

Für die Darstellung der Tätigkeit gibt es eine ungeschriebene Norm. Links steht die Zeitspanne, die in Jahr und Monat angegeben wird, und rechts die Tätigkeit. Auch wenn du eine »Lücke« im Lebenslauf hast, verwende diese Zeitangaben. Solltest du Jahreszahlen ohne Monate angeben, wirkt das unvollständig und wirft Fragen auf. Im schlimmsten Fall könnte ein Personalentscheider vermuten, du möchtest etwas vertuschen.

Beispiel

10/2012 – 05/2017	Musterhaus GmbH

Bei deinen beruflichen Stationen interessiert sich der Personalentscheider vor allem für folgende Angaben:

- Wie lange hast du die Tätigkeit ausgeübt?
- Bei welchem Unternehmen warst du tätig?
- Welche Position hast du ausgeübt?
- Für welche Aufgaben und Verantwortungsbereiche warst du zuständig?

Beispiel

10/2012 – 05/2017	Musterhaus GmbH
Sales Manager	Leitung und Koordinierung des Sales-Teams (8 Mitarbeiter)
	Erschließung neuer Märkte
	Erarbeitung neuer Sales-Strategien
	10 % Umsatzsteigerung im neuen Zielgruppenmarkt Hamburg

Die Zeitangaben, der Unternehmensname und deine Position sollten alle in derselben Schriftgröße sein. Die zusätzlichen Infos zu deiner Position dürfen gerne zwei Punkte kleiner sein, aber so, dass sie noch lesbar sind.

Führe bei jeder Tätigkeit zwei bis drei Erfolge oder Ergebnisse auf. Jetzt kommt dein Fact-Sheet zum Tragen (vgl. Kapitel 4.1). Welche Erfolge oder Ergebnisse hast du dort aufgelistet? Und welche davon könnten für den potenziellen Leser besonders interessant sein? Nimm dir etwas Zeit, um die Details herauszuarbeiten und zu formulieren. Verwende substanzielle Stichworte und aussagekräftige Kurzsätze. Wenn du ein Team geleitet hast, sage das. Wenn du innovativ warst, erwähne das auch.

Verwende entsprechende Begrifflichkeiten wie »Ich habe … initiiert«, »Ich habe … als Erste eingeführt«.

Wenn du dich beruflich umorientieren möchtest, stelle sicher, vor allem Erfolge und Ergebnisse anzuführen, die in deinem neuen Berufsfeld von Belang sind.

Nach deinen beruflichen Stationen führst du als Nächstes deine Ausbildungen auf. Auch hier kommt das Aktuellste zuerst. Also das Studium vor deinem Abitur oder deine Ausbildung vor deinem Abitur. Wieder stehen links die Zeitangaben und rechts die Fakten. Also, Studiengang, Ausbildungsinhalt und der Abschluss sowie die Note. Bei der Schulausbildung interessiert nur der höchste Abschluss, die Grundschule sollte hier nicht mehr erwähnt werden.

Beispiel

06/1977 – 05/1990 Abitur (Note 2,3) Goethe-Gymnasium, Frankfurt a. M.

Gut zu wissen !

Es gibt eine Situation, die die chronologische Reihenfolge bricht. Wenn du vor Kurzem, also während deiner Auszeit, eine Weiterbildung oder Fortbildung abgeschlossen hast, dann schreibe dies an oberster Stelle deiner Berufserfahrungen. Diese Information sollte sofort ins Auge fallen.

c) Besondere Kenntnisse

Egal, an wie vielen Seminaren und Weiterbildungen du teilgenommen hast, erwähne vorrangig die Kenntnisse, die für die angestrebte Stelle eine Bedeutung haben könnten. Auch hier gilt: links die Zeitangaben, rechts die Kenntnisse.

d) Ehrenamt

Solltest du ein Ehrenamt innehabe, erwähne das. Es zeigt, dass du engagiert bist. Im besten Fall arbeitest du einen Bezug zur angestrebten Stelle heraus. Beschreibe in kurzen Stichworten, was genau du machst, und versuche, auch hier messbare Ergebnisse vorzuweisen. Verwende aktive Begriffe wie »Ich habe geleitet«, »entwickelt« »etabliert«. Aber fasse dich kurz, der Leser soll nicht den Eindruck gewinnen, dass dein Ehrenamt dein Leben ausfüllt. Dann würde er sich fragen, ob du überhaupt noch Kapazitäten für einen Job neben dem Ehrenamt hast.

Wenn es ein Ehrenamt ist, das im Widerspruch zu dem potenziellen Arbeitgeber stehen könnte, überlege dir gut, ob du es erwähnen willst. Wenn du dich z. B. im Mieterschutzbund engagierst und gleichzeitig bei einem Unternehmen für Kapitalanlageimmobilien bewirbst, könnte der Arbeitgeber einen Interessenkonflikt vermuten.

e) Interessen

Dieser Punkt wird gerne außer Acht gelassen, sollte aber in jedem Lebenslauf auftauchen. Sie runden, ebenso wie das Foto, für viele Personalleiter das Bild von dir ab und unterstreichen deine Persönlichkeit. Solltest du z. B. einen Mannschaftssport ausüben, wird dir automatisch Teamfähigkeit zugeschrieben. Bist du Schatzmeister im Gartenverein, schreibt man dir Vertrauenswürdigkeit zu.

Du siehst also, dass sich hinter diesen scheinbar belanglosen Punkten interessante Informationen verstecken können. Überlege dir deswegen genau, welche Interessen und Hobbys du nennen willst. Auch bei Hobbys gilt: Konkretisiere die Inhalte und gestalte sie spannend. Statt also das Hobby »Lesen« anzugeben, schreibe z. B. »skandinavische Romane«. Beschränke dich auf drei Hobbys oder Interessen, mit denen du dich beschäftigst. Sei darauf vorbreitet, im Vorstellungsgespräch dazu Rückfragen zu erhalten.

f) Ort, Datum, Unterschrift

Der Lebenslauf muss handschriftlich von dir unterzeichnet werden! Dadurch versicherst du, dass alle Angaben von dir persönlich stammen und der Wahrheit entsprechen. Die Unterschrift sollte mit Füller oder Filzroller erfolgen, bitte nicht mit Kugelschreiber.

4.2.2 Fünf typische Fehler im Lebenslauf

Unübersichtliches Layout	Versuche, den Lebenslauf gut leserlich und strukturiert zu gestalten. Schrifttype und Schriftgröße werden so ausgewählt, dass sie das Lesen vereinfachen und zu der Stelle passen. Es ist ein Unterschied, ob du dich in einer Kanzlei oder in einer Werbeagentur bewirbst. Hierzu findest du aber reichlich Informationen im Internet. Vermeide auch Farben und gestalterischen Firlefanz, es sei denn, du bist kreativ tätig und möchtest das bereits im Lebenslauf belegen.
Schlechtes oder veraltetes Bewerbungsfoto	Lass ein aktuelles Bewerbungsfoto von einem Fotografen erstellen. Das macht einen professionellen Eindruck. Die Kleidung auf dem Foto sollte zu dem Dresscode deiner Branche passen.

Keine konkreten Angaben	Gib bei deinen bisherigen Tätigkeiten und Berufen konkrete Beispiele an, die deine Kompetenz belegen. Mach es dem Leser einfach zu verstehen, was genau du gemacht hast und wie gut du darin warst.
Kein Bezug zur Position	Fokussiere dich auf Inhalte, die einen Bezug zu der angebotenen Position haben. Liste vor allem Qualifikationen und Beispiele auf, die für den Leser bzw. das Unternehmen von Bedeutung sein könnten.
Unterschrift vergessen	Der Lebenslauf muss handschriftlich unterschrieben werden. Unabhängig davon, ob der Lebenslauf postalisch oder digital verschickt wird.

Am Ende des Kapitels fassen wir die wichtigsten Punkte in einer Checkliste noch einmal zusammen.

Unser Tipp !

Lass deine gesamten Bewerbungsunterlagen unbedingt von mindestens einer weiteren Person auf Fehler hin durchlesen. Denk dran, dass der Lebenslauf deine erste Arbeitsprobe ist und diese sollte zu 100 Prozent fehlerfrei sein!

Du hast jetzt erfahren, wie ein fehlerfreier und spannender Lebenslauf gestaltet wird. Für eine schriftliche Bewerbung ist das unerlässlich. Aber es gibt noch viele andere Situationen, zum Beispiel persönliche Gespräche im Alltag, in denen du von deinen beruflichen Erfahrungen berichtest. Dabei kannst du deinen Lebenslauf aber nicht einfach »herunterrattern«. Soviel Zeit hast du meistens nicht und es würde auch nicht lebendig klingen. Für diese Fälle gibt es ein viel spannenderes Format, mit dem du das Interesse für dich wecken kannst – die Berufsstory.

4.3 Deine Berufsstory in 60 Sekunden

Sicher kennst du das: Du bist bei einem Essen, einer Party oder einer Sportveranstaltung und es kommt jemand auf dich zu, plaudert mit dir und fragt dich unverbindlich nach deinem Job. Da du zur Zeit keinen hast, wird die nächste Frage wahrscheinlich lauten, ob du denn wieder arbeiten möchtest bzw. welche beruflichen Vorstellungen du hast. Daraufhin würdest du gerne loslegen und erzählen, aber irgendwie findest nicht die passenden Worte. Eigentlich weißt du ja mittlerweile, was du möchtest, aber deine Formulierungen klingen vage oder langatmig und dann ist das Gespräch auch schon beendet. Dein Gesprächspartner geht, ohne eine Ahnung zu haben, was du dir vorstellst. Im schlimmsten Fall bleibst du obendrein mit einem unguten Gefühl zurück, ob du dein Ziel jemals erreichen wirst, wenn du dich noch nicht einmal verständlich ausdrücken kannst.

Der Elevator Pitch

Damit dir das nicht passiert, gibt es ein tolles Tool: den Elevator Pitch. Der Elevator Pitch hilft dir dabei, eine pointierte Antwort zu entwickeln, die dich sehr kompetent erscheinen lässt und gleichzeitig deinen Gesprächspartner neugierig macht. Aber was ist der Elevator Pitch?

Der Legende nach, traf ein junger Gründer in den 80er Jahren in einem Fahrstuhl einen potenziellen Geldgeber. Der Gründer hatte genau die Fahrzeit vom Erdgeschoss bis zum 18 Stockwerk, um sein Gegenüber von seiner Idee zu überzeugen. Er legte sich ins Zeug und beim Ausstieg hatte er die Zusage über einen sehr hohen Geldbetrag. Nach 60 Sekunden!

Seitdem ist der Elevator Pitch ein beliebtes Instrument in der Start-up-Szene, um Investoren für Gründungsideen zu begeistern. Der Reiz liegt darin, ein Produkt oder eine Dienstleistung in kürzester Zeit so gut zu beschreiben, dass der Zuhörer begeistert oder sogar überzeugt ist, auf jeden Fall aber einen ausführlichen Termin mit dir vereinbaren möchte.

Die Technik des Elevator Pitches kannst du wunderbar für deine Selbstdarstellung bei kurzen Treffen mit wenig Zeit nutzen. Denn es wird dir immer wieder passieren, dass du gefragt wirst, was du bislang gemacht hast und was deine beruflichen Vorstellungen sind. Wenn du dann langwierig ausholst, ist das Interesse schnell verflogen. Kannst du jedoch bei deinem Gegenüber durch spannende Angaben in kürzester Zeit Neugier entfachen, gewinnst du seine volle Aufmerksamkeit. Vielleicht entsteht dadurch sogar ein Kontakt, der dich in den nächsten Job bringt. Indem du lernst, den Kern deines Anliegens pointiert darzustellen, unterstreichst du zugleich deine Professionalität und Kompetenz.

So erstellst du deine eigene 60-Sekunden-Berufsstory:

Schritt 1: Definiere dich und dein Ziel. Folgende Fragen helfen dir dabei:

- Wer bin ich?
- Was mache ich?
- Wo will ich hin?

Schritt 2: Fokussiere dich auf deine Stärken. Folgende Fragen helfen dir:

- Worin bin ich gut?
- Welchen Mehrwert bringe ich?

Storytelling – erzähle eine Geschichte

Bette deine Stärken und Erfolge in eine Geschichte oder in konkrete Beispiele ein. Menschen lieben Geschichten und es ist wissenschaftlich erwiesen, dass das menschliche Gehirn Informationen viel besser abspeichern kann, wenn sie mit einer Geschichte oder einem Gefühl verbunden sind. Bemühe dich um einprägsame, kurze und zugleich bildhafte Formulierungen.

Frühstück mit Elefanten !

Eine berufliche Umsteigerin beschloss nach einer Tätigkeit in der Medienszene eine Ranger-Ausbildung in Südafrika zu machen. Ihre geniale Zusammenfassung dieser Zeit lautet: »Frühstück mit Elefanten« Mit diesen drei Worten erzeugt sie sofort Bilder und Assoziationen. Es klingt nach Abenteuer und Wildnis und durch das »Frühstück« auch persönlich. Jeder hat sofort ein Bild im Kopf und ist neugierig, was sich dahinter verbirgt. Das ist das, was ein perfektes Storytelling ausmacht.

Keiner erwartet, dass du sofort eine ebenso perfekte Berufsstory aus dem Hut zauberst. Fang damit an, jede der oben aufgeführten Fragen mit nur einem Satz zu beantworten. Verwende hierbei kurze Sätze und eine bildhafte Sprache sowie aktive Verben, die Dynamik ausstrahlen. Notiere deine Antworten und teste dann, wie lange es dauert, alles vorzulesen. Mehr als 90 Sekunden? Dann kürze den Text, bis du unter 60 Sekunden bleibst. Wenn dir das gelungen ist, hast du deine Berufsstory!

Versuche so oft wie möglich, deine Berufsstory zu üben. Erzähle sie immer, wenn du gefragt wirst, was du beruflich machen möchtest. Bleibe authentisch. Je häufiger du deine Berufsstory erzählst, umso weniger wird es wie auswendig gelernt klingen und desto besser wirst du dich damit fühlen.

Als Krönung deiner 60-Sekunden-Berufsstory könntest du dann noch einmal – aus Spaß – versuchen, ob sie in einem Zweizeiler verdichten kannst, ähnlich dem Beispiel »Frühstück mit Elefanten«.

Deine 60-Sekunden-Berufsstory wird dir noch viel Freude und Vorteile bringen – generell für deine nächsten Schritte zurück in den Job, aber auch schon für das folgende Kapitel. Mit einer prägnanten und unterhaltsamen 60-Sekunden-Berufsstory wird dir das Networking viel leichter fallen.

4.4 Checkliste: Dein Lebenslauf

Checkliste: Dein Lebenslauf	
Aktuelles Foto ausgewählt?	
Chronologische Reihenfolge mit Datumsangabe (Monat, Jahr) beachtet?	
Bei jeder beruflichen Station zwei bis drei Erfolge genannt?	
Inhaltlicher Bezug zur Stellenanzeige hergestellt, Keywords der Anzeige erfasst?	
Zusatzqualifikationen erwähnt?	
Interessen, Hobbys angeführt?	
Umfang des Lebenslaufes maximal zwei Seiten?	
Schrifttype und -größe einheitlich?	
Lebenslauf unterschrieben?	
Zeugnisse, Referenzen vorhanden (falls später erforderlich)?	

! **Insights**

- Checke deine Skills.
- Deine Lebenserfahrung ist ein Trumpf.
- Eine Lücke im Lebenslauf ist kein Hindernis.
- Deine Story ist das, was zählt.

5 Schritt 5: Networking – So wirst du für andere sichtbar!

Das Leben besteht zu drei Vierteln daraus, sich sehen zu lassen.
Woody Allen

Du weißt mittlerweile, was du beruflich machen möchtest. Du hast deine Unterlagen aktualisiert und deine Fähigkeiten auf den neuesten Stand gebracht und bist jetzt bereit – für den Job. Nun darf er um die Ecke kommen, dein Traumjob im Traumunternehmen. Wahrscheinlich schmunzelst du bei diesem Satz und denkst dir »Schön wäre es!«, aber so einfach und schön wird es wohl nicht gehen. Das ist ein Trugschluss. Es passiert nämlich sehr viel häufiger, als man denkt, dass so ein Traumjob direkt auf einen zuläuft. Wie dieses kleine Wunder geschieht? Ganz einfach – der Job gelangt über mehrere Ecken aus deinem Netzwerk zu dir. Damit du auch die Chance hast, auf diesem angenehmen Weg deinen Job zu erhalten, schauen wir uns in diesem Kapitel an, wie dein Netzwerk aussieht und wie du es erfolgreich auf- und ausbauen kannst.

Wie du ein richtig guter Networker wirst
Auch wenn du vielleicht denkst, du hättest kein Netzwerk – du irrst dich! Ein Netzwerk ist die Summe *aller* Personen, die du aus sämtlichen privaten und beruflichen Lebensbereichen und -phasen kennst. Wenn du an all diese Kontakte denkst, wird dir auffallen, wie groß dein Netzwerk jetzt schon ist.

In diesem Kapitel zeigen wir dir, wie du dein Netzwerk reaktivierst, größer werden lässt und ideal nutzt. Aber zuerst einmal gucken wir uns an, warum Netzwerke und das Networking überhaupt so wichtig ist.

5.1 Drei Gründe, warum Networking wichtig ist

1. Die Mehrheit aller offenen Stellen, genauer gesagt 66 %, werden über Netzwerke vergeben.[16] Das sind zwei Drittel aller Stellen, eine beeindruckende Größe. Um Zugang zu diesem verdeckten Stellenmarkt zu erhalten, ist es von zentraler Bedeutung zu networken.
2. Wenn du persönlich empfohlen wurdest, kannst du deine Stärken und deine Persönlichkeit viel mehr ins Spiel bringen als bei einer klassischen Bewerbung. Der Empfehlende hält dich für vertrauenswürdig und für so gut, dass er dich weiterempfiehlt. Unabhängig davon, wie dein Lebenslauf aussieht und ob du eine berufliche Pause eingelegt hast. So wirst du auch für Arbeitgeber interessant, die dich aufgrund der Berufspause ohne die Empfehlung vielleicht aussortiert hätten.
3. Die Mehrheit der Arbeitgeber nimmt an, dass Bewerber, die persönlich empfohlen werden, besser zur Unternehmenskultur passen und loyaler sind, als andere Bewerber.[17] Diese Soft Skills können den Ausschlag geben, welcher Bewerber eingestellt wird.

Jeder dieser Gründe unterstreicht den hohen Stellenwert des Networkings. Je früher du beginnst, dein eigenes Netzwerk systematisch weiter zu entwickeln, desto mehr wirst du davon profitieren können. Nicht nur aktuell für den Wiedereinstieg, sondern für dein gesamtes weiteres Berufsleben.

Die folgenden Abbildung und das Experteninterview mit **Patricia Kaiser** illustrieren den verdeckten Stellenmarkt auf anschauliche Weise.[18]

16 WILA Arbeitsmarkt, www.wila-arbeitsmarkt.de.
17 Centre of Human Ressources Information Systems im Auftrag von Sylvia Edmonds Monster Worldwide Deutschland GmbH, 2019, S. 26.
18 Grafik mit freundlicher Genehmigung von WILA Arbeitsmarkt, www.wila-arbeitsmarkt.de, bereitgestellt von Patrizia Kaiser, HRundperspektiven.de.

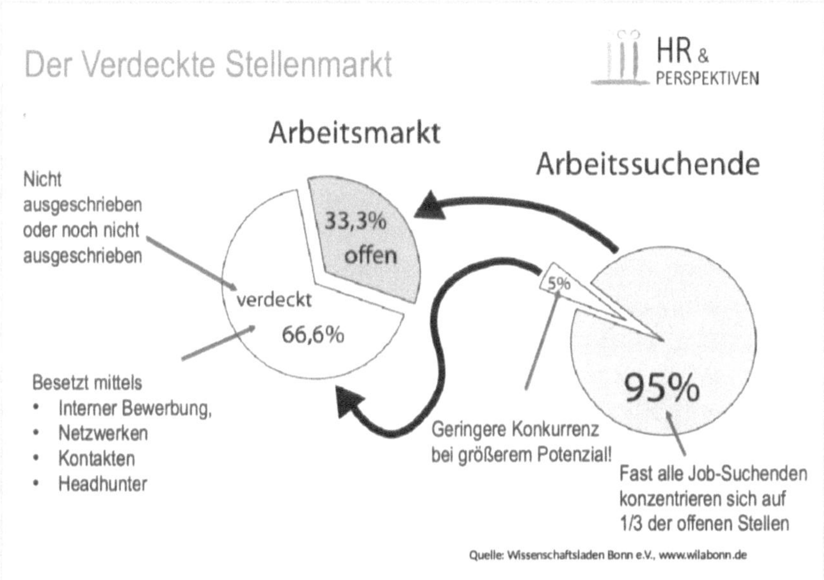

Abb. 14: Der verdeckte Stellenmarkt (Quelle: WILA Arbeitsmarkt)

5.2 Der verdeckte Stellenmarkt – ein Interview mit Patrizia Kaiser

Liebe Frau Kaiser, was ist der »verdeckte Stellenmarkt« und wie groß ist dieser Markt?

Patrizia Kaiser: *Der verdeckte Stellenmarkt handelt Stellen, die nicht öffentlich ausgeschrieben werden. Das heißt, dass auf diesem Markt Stellen vergeben werden, die nicht in die üblichen Stellenportale oder Printmedien publiziert werden, die auch nicht auf den Karriereseiten der Firmen landen und gegebenenfalls nicht einmal firmenintern ausgeschrieben werden (sofern es keinen Betriebsrat gibt), sondern »unter der Hand« vergeben werden.*

Der Markt ist riesig. Diverse Studien sagen, dass rund zwei Drittel aller zu vergebenden Jobs nicht veröffentlicht werden. Das heißt im Umkehrschluss: Die Stellen, die in den Portalen etc. ausgeschrieben sind, machen nur ein Drittel der Gesamtanzahl an vakanten Stellen aus. Aus meiner langjährigen Erfahrung als Personalmanagerin heraus kann ich bestätigen, dass der verdeckte Stellenmarkt unbestritten existiert und diese Zahlen durchaus realistisch sind.

Sind diese verdeckten Stellen nur für High Potentials relevant oder beziehen sie sich auf alle Tätigkeitsbereiche?

Patrizia Kaiser: *Ganz grundsätzlich gilt, dass der verdeckte Stellenmarkt alle Arten von Stellen handelt. Aber natürlich sind hier Stellen mit besonderer Verantwortung, seien es Führungs- oder Spezialistenstellen, besonders hoch im Kurs.*

Dennoch werden im verdeckten Stellenmarkt schnell, diskret und informell, wie schon erwähnt, alle möglichen Stellen besetzt. Grund ist, dass der verdeckte Stellenmarkt mitunter auch stark von Empfehlungen lebt. Und welches Unternehmen stellt nicht gerne jemanden ein, der heiß empfohlen wird?

Wie werden die Stellen besetzt, wenn sie nicht offen ausgeschrieben werden?

Patricia Kaiser: *Ein wichtiger Kanal, wie gerade erwähnt, sind Empfehlungen aus der bestehenden Mitarbeiterschaft oder Führungsriege. Hierüber werden laut Studien rund 30 % der vakanten Stellen besetzt. Es kann zum Beispiel vorkommen, dass ein Mitarbeiter oder eine Führungskraft einen wechselwilligen Kollegen oder eine Kollegin aus einem früheren Unternehmen empfiehlt.*

Weiterhin sind Initiativbewerbungen ein wichtiger Kanal – rund 10 % der Stellen werden dadurch besetzt. Man sieht also, dass sich gut eingeschleuste Initiativbewerbungen lohnen.

Und zuletzt verhilft die eigene Sichtbarkeit (sei es in beruflichen Online-Netzwerken wie Xing und LinkedIn, in Fachforen, als Fachkompetenz auf Messen oder bei Vorträgen, in Artikeln etc.) dazu, dass man im verdeckten Stellenmarkt »aufgespürt« wird. Rund 25 % der vakanten Stellen werden, so Studien, über Recruiter/Headhunter besetzt, manchmal sogar bevor die Stellen offiziell vakant sind.

Wie kann ich also Netzwerke wie LinkedIn nutzen, um meine Chancen auf dem verdeckten Stellenmarkt zu erhöhen?

Patrizia Kaiser: *Es ist wichtig, ein gut gepflegtes, aussagekräftiges Profil zu haben. Listen Sie hier Ihre Berufserfahrung, Kenntnisse, Stärken und Erfolge. Nutzen Sie in der Beschreibung Ihrer bisherigen Stationen geläufige »Key Words«. Dieses erleichtert Headhuntern und Recruitern die Suche nach Ihnen.*

Eine gute Zusammenfassung Ihres beruflichen Profils (eigene Rubrik auf LinkedIn) und ein gut formulierter Profilslogan tun ihr Übriges, so dass Ihr Netzwerkauftritt überzeugend ist.

Weiterhin lohnt es sich, Personalentscheider aus Ihren Wunschfirmen, Recruiter und Headhuntern in Ihr LinkedIn- oder Xing-Netzwerk einzuladen (bitte schreiben Sie einen netten, professionellen Text, um Ihre Anfrage auch erfolgreich zu machen), um mit diesen aktiv in Kontakt zu sein.

Weiterhin bietet es sich an, in Fachgruppen sowie ganz allgemein im Feed des Netzwerks aktiv zu sein, d. h. zu kommentieren, zu liken, gegebenenfalls eigene Beiträge zu veröffentlichen etc. All dies erhöht Ihre Sichtbarkeit.

In welchen Bereichen könnten gerade Frauen noch besser werden, um diesen Stellenmarkt für sich zu nutzen?

Patrizia Kaiser: *Ich denke, dass Frauen sich offensiver in ihrem Netzwerkverhalten zeigen könnten. Es spricht nichts dagegen, professionell den Kontakt zu höherrangigen Entscheidern in Unternehmen aufzunehmen. Auch lohnt es sich, mittels eigenen Beiträgen und Kommentaren Profil zu zeigen und sich nicht zu verstecken.*

Weiterhin ist es so, und das gilt für alle Geschlechter, dass Initiativbewerbungen oft nicht gern und nicht richtig angepackt werden. Hier lohnt sich der direkte telefonische Kontakt zum Unternehmen, und zwar vor Versand der Bewerbung.

Mit einer professionellen, kurzen und prägnanten Selbstpräsentation am Telefon verbunden mit dem konkreten Anliegen, die Sinnhaftigkeit einer Initiativbewerbung prüfen zu wollen, bekommt man in vielen Fällen bereits ein wenig den Fuß in die Tür des Unternehmens.

Die gute Nachricht zuerst. Du hast dir auf deinem bisherigen Lebensweg bereits ein Netzwerk aufgebaut. Jetzt geht es darum, sich dieser vielen Kontakte zu erinnern und sie zu reaktivieren.

Wenn du nur mal an deine Kindheit und Schulzeit denkst, dem Au-pair-Jahr, Zivildienst oder dem freiwilligen sozialen Jahr, den Pfadfindern, Kirchengemeinde oder Sportverein – das sind bereits viele Kreise, die dich bis zu deinem 18 Lebensjahr begleitet haben. Das ist aber erst der Anfang, Ausbildung, Studium etc. folgen. Einige kennst du noch, andere hast du aus den Augen verloren, von Dritten erinnerst du nur noch die Vornamen oder das Gesicht. Aber sie alle gehören potenziell zu deinem Netzwerk, weil sie alle mit dir in einer bestimmten Phase deines Lebens zu tun gehabt haben. Wenn du beruflich wieder loslegst, erinnere dich daran, wen du alles kennst. Meistens sind das sehr viel mehr Menschen, als man zu Beginn glaubt.

!

Action Step 9: Dein Netzwerk

Um dir die Erinnerung zu erleichtern, haben wir in Abbildung 15 eine Mindmap erstellt. In dieser Mindmap sind verschiedene Lebensbereiche aufgeführt. Versuche für jeden Bereich die Namen von mindestens zwei Personen zu erinnern und notiere diese auf dem Übungsblatt.

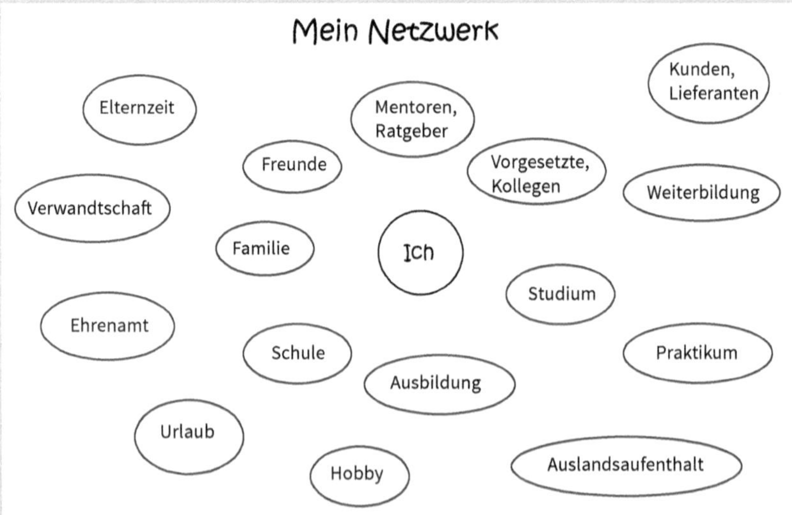

Abb. 15: Mein Netzwerk

Nimm auch deinen Lebenslauf als Gedächtnisstütze hinzu. Wie war das noch mit dem einen Praktikum oder der ersten Arbeitsstelle? Gab es da nicht einen Kreis von Gleichgesinnten, die alle zeitgleich angefangen haben? Versuche dich an möglichst viele Namen zu erinnern und schreibe sie auf. Nimm das Blatt in den folgenden Tagen immer wieder zur Hand. Häufig fallen einem noch weitere Namen ein, wenn man erst einmal angefangen hat, sich zu erinnern. Notiere alle Namen auf dem Blatt und hefte dieses Blatt an deine Wall of Fame, so dass es nicht verloren geht und du es immer im Blick hast.

Im nächsten Schritt geht es darum, diese Namensliste zum Leben zu erwecken. Du könntest versucht sein, zu denken »Die kennen mich doch gar nicht mehr« oder auch »Ich habe keinen Job, was halten die von mir?«. Das sind Gedanken, die sehr viele Restarter an dieser Stelle haben. Aber: Kennst du das Gefühl, wenn sich bei dir jemand aus der Vergangenheit meldet? Oder wenn du eine E-Mail erhältst, in der sich ein guter Freund aus Studienzeiten zurückmeldet? Die meisten von uns erinnern sich sehr wohl an den anderen und freuen sich über die Wiederaufnahme des Kontakts. Manchmal wirken diese alten Bindungen geradezu wie Balsam. Diese Menschen haben immer noch den Blick von damals, sehen in dir die talentierte, tatkräftige, positive Person von einst, die vieles möglich gemacht hat. Sie trauen dir viel zu, weil sie dich erlebt haben, in der Schule, im Studium oder im ersten Job. Falls also in nächster Zeit ein Klassentreffen ansteht oder ein Alumni-Treffen der Hochschule oder Ähnliches, gehe auf jeden Fall hin. Empfinde kein Scheu wegen deiner Berufspause. Die anderen werden einfach denken, du möchtest beruflich wiedereinsteigen und bist immer noch die tolle Frau oder der coole Typ von damals.

Wer weiß auch, wie viele von diesen Bekannten in einer ähnlichen Situation waren oder sind? Sei offen und neugierig. Du kannst sehr selbstbewusst zu diesen Treffen gehen, da du gerade deine neue berufliche Karriere planst. Voller Zielstrebigkeit und Klarheit. Davon wird der ein oder andere ziemlich beeindruckt sein.

Denselben positiven Effekt hast du bei Personen, denen du etwas beigebracht hast oder die dir früher beruflich untergeordnet waren. Vielleicht hast du an diese Personen noch gar nicht gedacht, weil sie damals so jung und unbedeutend wirkten. Aber dieser Kreis hat sich auch weiterentwickelt und mancher sitzt jetzt in einer Position, die dir beim Wiedereinstieg helfen können.

Du könntest auch zögern, weil du dich fragst, ob sich die Mühe lohnt, mit Menschen Kontakt aufzunehmen, die du lange nicht gesehen und gesprochen hast. Weil du gar nicht weißt, ob sich daraus irgendetwas Positives ergeben könnte.

Richtig ist, dafür gibt es keine Garantie. Im Moment ist das noch sehr ungewiss. Ein Netzwerk besticht aber durch seinen Austauschcharakter. Es ist eine Gemeinschaft, man teilt Informationen, gibt Hilfestellungen oder Empfehlungen. Vielleicht können dir diese alten Kontakte nicht weiterhelfen, aber vielleicht hat auch einer den entscheidenden Hinweis für dich, der dich zu deinem Traumjob führt. Möchtest du diese Möglichkeit außer Acht lassen? Oder es gibt eine andere Person in deren Netzwerk, die für dein berufliches Vorankommen eine Schlüsselposition einnimmt.

Vergiss nicht, deine Kontakte haben alle ein eigenes Leben gelebt, selbst berufliche Erfahrungen gesammelt und Netzwerke aufgebaut. Indem du dich neu verknüpft erhältst du oftmals den Zugang zu vielen weiteren Personen. All das macht die Reaktivierung deiner Kontakte so wertvoll für dich.

Beginne gleich heute damit, Kontakte zu den Personen, die auf deiner Namensliste stehen, wiederzubeleben. Es lohnt sich, so früh wie möglich damit anzufangen, weil es auch etwas Zeit in Anspruch nimmt, bis du die aktuellen Kontaktdaten und Informationen von allen wiedergefunden hast.

Dafür gehst du wie folgt vor:

1. Du recherchierst, auf welchem Kanal du die Person erreichen kannst. Das kann auf Facebook, Instagram, Pinterest, Twitter, YouTube, Stayfriends ebenso sein wie auf Berufsportalen wie LinkedIn oder Xing. Wenn du erinnerst, dass die Person intensiv ein Hobby betrieben hat, lohnt es sich auch, auf speziellen, diesem Hobby zugeordneten Plattformen zu schauen.
2. Sobald du die Person gefunden hast, recherchierst du, was sie aktuell beruflich macht. Wurde sie in letzter Zeit befördert, gab es ein Firmenjubiläum oder gab es einen Branchenwechsel? Hat sie Artikel auf den Plattformen veröffentlicht oder irgendetwas gelikt? Oder hat sie sich gerade auf einem Sportereignis oder anderen Events hervorgetan?
3. Wenn du etwas aus dem Leben dieser Person gefunden hast, nimm Kontakt zu ihr auf und beziehe dich dabei auf diesen Punkt. Denn dadurch zeigst du Interesse an ihrem Leben. Das ist ein guter erster Anknüpfungspunkt. Daraus können sich weitere Gespräche ergeben. Eventuell habt ihr ein gemeinsames Hobby

oder in derselben Stadt gelebt, das könnte euch gleich auf einer zusätzlichen Ebene verbinden.
4. Wenn du die Person kontaktiert hast, gib ihr Zeit zum Antworten. Denn du weißt nicht, in welcher Situation die Person war, als sie deine Nachricht erhalten hast. Sie kann im Urlaub gewesen sein oder einfach nur im Stress. Es können etliche Tage und Wochen vergehen, ehe sie antwortet. Das bedeutet auf keinen Fall, dass sie an dem Kontakt zu dir nicht interessiert ist!
5. Sobald du eine Antwort erhalten hast, bedanke dich innerhalb von zwei Tagen. Du wolltest den Kontakt, also ist es an dieser Stelle wichtig, dies durch eine zügige Antwort zu bekräftigen.
6. Fortan melde dich regelmäßig, z. B. zum Geburtstag, oder bestimmten Anlässen wie Weihnachten und Neujahr.

Entscheidend für gutes Networking ist es, Interesse am Leben des Gegenübers zu signalisieren. Falls du jetzt schon einen Rat oder eine Hilfestellung geben kannst, dann tue das. Netzwerke leben von Gegenseitigkeit und du wirst irgendwann von diesem Einsatz profitieren. Du legst damit den Grundstein für spätere Unterstützung. Bei deinem Wiedereinstieg oder wenn du schon im Job bist und Hilfe brauchst.

5.3 Dein Jobprofil auf Xing oder LinkedIn

Digitale Netzwerke wie Xing oder LinkedIn sind berufliche Plattformen. Das bedeutet, hier geht es nur um einen Austausch auf beruflicher Ebene. Private Kommentare, Fotos oder Ähnliches gehören hier nicht hin. Diese beruflichen Netzwerke bieten für Restarter unschätzbare Vorteile:

- Mit einem Klick kannst du dich mit Personen aus deiner Vergangenheit und deiner beruflichen Zukunft vernetzen.
- Dein Profil ist für alle Mitglieder sofort sichtbar.
- Du ziehst die Aufmerksamkeit von Personalleitern und Headhuntern auf dich.
- Fünf Minuten am Tag reichen, um dein Netzwerk kontinuierlich zu pflegen und auszubauen.

Das alles kannst du von zu Hause aus, vom Balkon, im Garten und zu jeder Tageszeit machen, wie es am besten in deinen Tag passt.

Um die vielfältigen Möglichkeiten dieser Netzwerke nutzen zu können, solltest du einige Grundlagen beachten. An erster Stelle steht die Auswahl des Netzwerkes. Die großen branchenübergreifenden Netzwerke in der Wirtschaft sind die Netzwerke Xing und LinkedIn. Im Wissenschaftsbereich sind es Researchgate und Academia. Daneben gibt es aber noch viele weitere, kleinere berufsspezifische Netzwerke.

Die Auswahl des Netzwerkes sollte abhängig von deinem zukünftigen beruflichen Schwerpunkt erfolgen. Viele Leute nutzen mehrere Netzwerke. Das hat Vorteile, verlangt aber auch mehr Zeit. Es ist manchmal besser, nur in einem Netzwerk vertreten zu sein und das gut zu pflegen, anstatt in vielen Netzwerken jeweils als »Karteileiche« aufzutauchen.

Als Nächstes benötigst du ein aussagekräftiges Profil. Wahrscheinlich hast du bereits bei Xing oder LinkedIn ein eigenes Profil. Falls du nicht weißt, welches für dich geeigneter ist: Grundsätzlich ist Xing auf den deutschsprachigen Markt ausgerichtet und LinkedIn steht für den internationalen Austausch. Wenn du dich international orientieren möchtest, empfehlen wir dir LinkedIn. Dieses Profil gilt es jetzt auf den neuesten Stand zu bringen. Übertrage die Daten aus deinem aktualisierten Lebenslauf in dein Profil. Achte darauf, dass die Daten vom Lebenslauf mit den Daten in deinem Netzwerkprofil identisch sind.

Nicht selten passiert es, dass eine berufliche Station ausgelassen oder eine Zeitangabe um Monate verschoben wird. Das kann später zu Irritationen führen, wenn dein potenzieller Arbeitgeber einen Lebenslauf vorliegen hat, der andere Daten als dein LinkedIn- oder Xing-Profil aufführt. Du kannst sicher sein, ein interessierter Arbeitgeber wird dein LinkedIn- bzw. Xing-Profil aufrufen.

Wenn du bislang kein Profil hattest, solltest du jetzt eines anlegen. Sowohl LinkedIn als auch Xing bieten online umfangreiche Tutorials an, die dir Schritt für Schritt zeigen, wie du dein Profil ausfüllst. Diese Erklär-Videos sind wirklich gut und nachvollziehbar, selbst wenn man kein PC-Nerd ist. Aber auch langjährigen Nutzern können wir nur empfehlen, sich diese Tutorials gelegentlich anzuschauen. Man erhält dort viele lohnenswerte Anregungen und Tipps.

Für dein Netzwerk-Profil gilt dasselbe wie für deinen Lebenslauf. Verwende auf jeden Fall ein professionelles und aktuelles Foto von dir. Du kannst hier das Foto nutzen, das du für deinen aktuellen Lebenslauf verwendest. Je nach Branche kann das Foto eher formell oder leger sein. Auf keinen Fall solltest du in einem beruflichen Netzwerk ein Urlaubsfoto vom Strand nehmen. Das Facebook-Profilbild ist häufig auch nicht geeignet. Denke immer daran, das Foto könnte der erste Eindruck für einen potenziellen Arbeitgeber sein, wähle es also entsprechend sorgfältig aus.

Foto und Lebenslauf sind nur das Grundgerüst deines Profils. Interessant und aussagekräftig wird es mit den Ergänzungen. An allererster Stelle stehen der »Slogan« und die »Zusammenfassung«. (Je nach Netzwerk wird dieser Abschnitt unterschiedlich bezeichnet.) In diesem Bereich formulierst du kurz und knapp deine beruflichen Stärken und Talente. Neben dem Foto ist der Slogan der Teaser für dein Profil, den die Leser als Erstes wahrnehmen. Deshalb lohnt es sich, gut zu überlegen, was du dort stehen hast. In Kapitel 4.3 hast du ja bereits einen knackigen Zweizeiler, vielleicht sogar Einzeiler formuliert. Der könnte hier jetzt gut reinpassen. Frage auch Freunde oder Bekannte, wie sie deinen Slogan finden, oder macht gemeinsam ein kleines Brainstorming.

Dann folgt der Bereich »Ich suche«. Hier kannst du eintragen, was du zukünftig beruflich machen möchtest. Statt »Ich suche einen Job« könntest du z. B. schreiben »Engagierte Personalreferentin, Expertin für Scoring-Modelle sucht neue Herausforderung«. Versuche so präzise wie möglich in einem Satz zu beschreiben, was du möchtest. Das macht es dem Leser einfacher und weckt die Neugierde, weil du mit diesem Satz Entschlossenheit und Zielstrebigkeit ausstrahlst. Da weiß jemand genau, was er möchte – das hebt dich von anderen ab. Darüber hinaus gibt es die Möglichkeit, dein Profil für Personalentscheider freizuschalten. Schalte diese Funktion ein. Damit vergrößerst du den Radius. Denn das ist es, was du als Restarter willst.

Im Bereich Projekte oder Portfolio kannst du Dokumente ablegen, die als Referenzen früherer Tätigkeiten dienen. Das können z. B. Entwürfe, Reportagen, Artikel, Architekturzeichnungen etc. sein. Scheue dich nicht, Referenzen hochzuladen, die zeitlich länger zurückliegen. Sie könnten für einen Arbeitgeber auch heute noch interessant sein.

Apropos Referenzen. Bei LinkedIn gibt es die Funktion, sich von anderen bestimmte Kompetenzen bestätigen zu lassen. Wenn du lange nicht im Job warst, kümmere dich nicht weiter um diesen Punkt. Wenn du allerdings noch gar nicht so lange draußen bist, könnte es sich lohnen, ehemalige Kollegen oder Kunden zu bitten, diese Kompetenzen zu bestätigen. Das ist eine gute Möglichkeit, um sich erneut ins Gespräch zu bringen, und verleiht deinem Profil einen weiteren positiven Akzent.

Dein Ziel ist es, mit möglichst vielen Personen online ins Gespräch zu kommen, die in dem von dir angestrebten Bereich arbeiten oder diesbezüglich Personalentscheidungen treffen. Behalte dieses Ziel bei deinen Netzwerkaktivitäten immer vor Augen.

Wenn das Profil steht, beginnt die spannende Aufgabe – das Vernetzen. Nimm jetzt die Liste mit deinen Kontakten, die du oben erstellt hast. Prüfe nun bei jeder Person, ob sie sich auch in dem von dir gewählten digitalen beruflichen Netzwerk befindet. Wenn ja, schreibe sie an. Das meinen wir wörtlich. Es gibt nämlich auf fast allen Plattformen den Button »Vernetzen«. Wenn du darauf klickst, wird automatisch eine unpersönliche Kontaktanfrage an den Empfänger gesendet. Sehr viel netter, verbindlicher und erfolgversprechender ist es aber, wenn du ein bis zwei persönliche Sätze dazuschreibst. Dadurch steigt die Bereitschaft des Empfängers, sich mit dir zu vernetzen, erheblich!

Wie solche kurzen Einladungen zur Vernetzung aussehen könnten, siehst du in den folgenden Beispielen:

!

Beispiel: Einladung zur Vernetzung

»Hallo Ben, ich aktualisiere gerade mein Profil und freue mich, wenn wir uns hier vernetzen. Liebe Grüße, Jan«

oder:

»Hallo Vera, ich habe mich getraut und habe jetzt endlich auch ein eigenes LinkedIn-Profil. Ich freue mich, wenn wir uns hier vernetzen. Liebe Grüße, Anna«

Je weiter weg oder je förmlicher der Kontakt ist, umso förmlicher verfasst du die E-Mail zur Kontaktaufnahme. Du kannst dir auch verschiedene Vorlagen erstellen, die du wahlweise einsetzt. Immer mit persönlicher Ansprache, immer mit einer kurzen Nachricht und immer mit einem Verweis, woher ihr euch kennt. Das macht die Ansprache persönlich und lädt zum Antworten ein.

Nicht jeder antwortet sofort. Einige schauen sogar nur alle paar Monate in ihren Account, also wundere dich nicht, wenn sich einer nicht meldet. Dafür kann es viele Gründe geben und kein einziger hat mit dir zu tun.

Neue Leads generieren

Vielleicht fragst du dich gerade, was *Leads* bedeutet. Unter einem Lead versteht man einen interessanten Kontakt. Verlasse dich bei deiner Jobsuche nicht allein auf deine aktuellen Kontakte. Gehe über deinen bestehenden Bekanntenkreis hinaus und stelle neue Kontakte her. Diese neuen Verbindungen können dir wertvolle Informationen und Empfehlungen liefern, die für deine jetzige Jobsuche hilfreich sein könnten.

Neue Kontakte herzustellen und unbekannte Personen anzusprechen fällt vielen nicht leicht. Sie wissen nicht so recht, was sie sagen sollen, denn sie können ja nicht direkt nach einem Job fragen. Der entscheidende Schritt ist jedoch ein anderer. Es geht zunächst nur darum, der Welt zu zeigen, dass es dich überhaupt gibt. Das weiß ja noch keiner mit Ausnahme von deinen Freunden und aktuellen Kontakten. Die Aufgabe lautet also: Erweitere dein Netzwerk! Dafür ist es notwendig, sein Netzwerk um neue, bislang noch fremde Kontakte (Leads) zu erweitern. Um neue Leads auf Plattformen wie Xing oder LinkedIn zu generieren, gibt es mehrere Möglichkeiten:

a) Leads zweiten Grades

Alle Personen, mit denen du vernetzt bist, kennen wiederum noch andere Personen neben dir, die ihr eigenes Netzwerk haben. Das sind deine Kontakte zweiten Grades. Du kennst sie nicht direkt, aber die Person, mit der du vernetzt bist, kennt sie. Fast immer kannst du einsehen, mit wem dein Kontakt noch vernetzt ist. Gehe die Liste der Kontakte zweiten Grades durch. Gibt es eine Person, die für dein berufliches Vorankommen bedeutsam sein könnte? Gibt es jemanden, der in dem Bereich arbeitet, den du anstrebst? Dann schreibe diese Person an. Du könntest z. B. schreiben:

Beispiel: Vernetzungsanfrage !

»Liebe Frau Peters, ich habe gesehen, dass wir beide mit Ben Behrend vernetzt sind. Ich interessiere mich für [Branche oder Position eintragen] und freue mich, wenn wir uns zum Austausch hier vernetzen. Viele Grüße, Nina Meyer«

oder:

»Lieber Herr Ahrens, Ben Behrend ist ein gemeinsamer Kontakt von uns. Ich freue mich, wenn wir uns zum Austausch hier vernetzen. Viele Grüße, Nina Meyer«

Der Empfänger kann selbst entscheiden, ob er deinen Kontaktwunsch annimmt oder nicht. Und meistens tut er das, wenn die Ansprache stimmt.

Mit der Vernetzungsanfrage hörst du aber nicht auf. Erstens: Bedanke dich, wenn ihr vernetzt seid. Zweitens: Melde dich nach drei bis vier Wochen wieder und frage, ob dein Gegenüber Zeit für ein informelles Gespräch mit dir hat. Der Ablauf eines solchen Gesprächs abläuft und wie du es für deine Jobsuche nutzen kannst, haben wir in Kapitel 5.4 beschrieben.

b) Leads über Suchkriterien

Vielleicht hast du bereits eine Vorstellung, in welchen Unternehmen du am liebsten arbeiten möchtest. Oder du kennst die Berufsbezeichnung deines zukünftigen Job bereits. Aber es fehlt der persönliche Zugang. Auf LinkedIn hast du die Möglichkeit, in der erweiterten Suche Personen nach bestimmten Kriterien anzeigen zu lassen. Du könntest dir zum Beispiel alle Personen, die in München arbeiten und Logistik in ihrer Berufsbezeichnung stehen haben, anzeigen lassen. Du könntest dir auch eine Liste von Personen erstellen, die für das Unternehmen Siemens, Apple oder HelloFresh arbeiten. Wenn du so eine Liste gesucht und gefunden hast, gehe diese Liste Namen für Namen durch.

Manchmal stellt sich heraus, dass ein direkter Kontakt von dir mit jemanden einer solchen Liste vernetzt ist. Dann hast du bereits einen Aufhänger für eine Kontaktaufnahme. Aber auch wenn es keine mittelbare Verbindung zu dir gibt, kannst du die Personen auf der Liste kontaktieren. Suche dir Personen heraus, die du ansprechend findest oder deren Beruf dich am meisten reizt oder Ähnliches. Schaue dir das Profil der Person im Detail an. Gibt es da vielleicht eine weitere Gemeinsamkeit? Dann schreibst du eine Nachricht, wie z. B.:

!

Beispiel: Kontaktaufnahme

»Lieber Herr Ahrens, ich interessiere mich beruflich für alles rund um Logistik [oder das Spezialgebiet von Herrn Ahrens] und würde mich sehr freuen, wenn wir uns hier zum Austausch vernetzen. Viel Grüße, Jan Vogt«

Eine andere Möglichkeit wäre:

»Liebe Frau Peters, ich bin ein Fan der Unternehmenskultur von HelloFresh und entnehme Ihrem Profil, dass Sie Familie und Beruf dort gut vereinbaren können. Ich würde mich sehr freuen, wenn wir uns hier zum Austausch vernetzen. Viele Grüße, Nina Meyer«

c) Leads über Themengruppen

Nicht jeder fühlt sich wohl dabei, jemanden anzuschreiben, den er nicht kennt. Vielleicht hast du auch noch kein Unternehmen identifiziert, in dem du gerne arbeiten möchtest, oder kennst noch gar nicht die Jobbezeichnung für das, was du tun möchtest. Letzteres wäre auch kein Wunder bei der Menge an regelmäßig neu auftauchenden Berufsbezeichnungen. Woran es nun auch liegt, dass dir das Ansprechen fremder Personen nicht behagt – für diesen Fall eignen sich hervorragend Themengruppen. Über solche Gruppen kannst du sehr gut an interessante Ansprechpartner gelangen.

Themengruppen gibt es in allen beruflichen Netzwerken. Dort findest du eine Fülle an Gruppen, die verschiedenste Themen abdecken: zu einzelnen Berufen über die Vereinbarkeit von Beruf und Familie bis hin zu Interessen und Hobbys.

Obwohl es berufliche Netzwerke sind, gibt es auch hier Gruppen für private Themen. Es gibt z. B. Gruppen für Joggen, Achtsamkeit, Spiritualität genauso wie Personalwesen, Arbeitsrecht, Marketing etc. Es gibt fast zu jedem Thema auch irgendeine Themengruppe. Alles läuft digital ab, selten gibt es Offline-Veranstaltungen zu den Gruppen. Aber um sein Netzwerk und damit auch seinen Horizont zu erweitern, sind sie sehr hilfreich.

Wähle drei bis fünf Gruppen aus, die für dich berufsrelevant sind und deren Themen dich ansprechen. Trete in diese Gruppen ein und nimm an den Diskussionen teil. Gib Kommentare zu Beiträgen ab, erstelle selbst Beiträge oder kommentiere andere Beiträge mit einem *Like*. Gibt es Personen, die deine Beiträge häufig kommentieren? Oder Personen, deren Beiträge du besonders gut findest? Dann nimm dieses als Aufhänger, um dich mit diesen Personen zu vernetzen. Über diese Gruppen erfährst du nicht nur, was die Branche beschäftigt, du lernst auch die Akteure kennen. Und vice versa, die Akteure lernen dich kennen! Je aktiver du in diesen Gruppen bist, umso sichtbarer wirst du.

Man weiß bei Themengruppen vorher nicht genau, was einen erwartet. Vielleicht geht es um andere Themen, als du dachtest. Oder es wird nur alle drei Wochen etwas gepostet. Dann verlass die Gruppe wieder und wähle eine andere aus. Es dauert ein wenig, bis man die richtige gefunden hat. Dann bringt der Austausch aber auch viel Spaß.

Falls du jetzt denkst »Puh, wie soll ich das alles zeitlich unter einen Hut bringen?« – keine Sorge, Rom ist bekanntlich auch nicht an einem Tag entstanden. Es geht hier nur darum, überhaupt anzufangen. Starte mit dem, was dir am meisten Spaß macht. Sobald du ein bisschen in der beruflichen Netzwelt unterwegs bist, wirst du immer versierter werden und merken, wie inspirierend sie sein kann.

Neben den digitalen Optionen, neue Kontakte aufzubauen, gibt es aber auch immer noch die Offline-Variante des Kennenlernens. Von Angesicht zu Angesicht.

d) Leads über Offline-Kontakte

Diese Variante bietet sich an, wenn du gezielt und unmittelbar mit Personen ins Gespräch kommen möchtest, die für deine jetzige berufliche Ausrichtung von Interesse sind. Erkundige dich, ob es in deiner Nähe demnächst eine Veranstaltung oder einen Vortrag aus deiner gewünschten Branche gibt. Gibt es eine Messe oder einen Kongress, den du besuchen könntest? Sobald du etwas Interessantes gefunden hast, plane den Besuch ein und bereite dich darauf vor.

Frage dich, was dein Ziel bei dieser Veranstaltung ist. Möchtest du eine bestimmte Person kennenlernen oder nur eine spezielle Information erhalten? Geh mit diesem Ziel zu der Veranstaltung und versuche dort, mit interessanten Teilnehmern ins Gespräch zu kommen. Es wäre ein toller Erfolg, wenn du die Kontaktdaten von einem oder mehreren Gesprächspartnern erhältst.

Frage dich auch, ob du aus dem Stand sagen könntest, was du beruflich erreichen möchtest. Diese Frage könnte dir durchaus gestellt werden. Wenn du deine 60-Sekunden-Berufsstory entwickelt hast (vgl. Kapitel 4.5), ist sie perfekt für diesen Anlass. Falls du noch keine Berufstory hast, fange jetzt damit an bzw. denke über einen knackigen Zweizeiler nach.

Wir geben dir ein Beispiel für ein gelungenes Kontakte knüpfen auf Branchenveranstaltungen:

! **Beispiel: Katrin netzwerkt erfolgreich**

Katrin wollte mit ihrem Wiedereinstieg in den Immobilienbereich wechseln. Der Immobilienverband Deutschland bietet regelmäßig Veranstaltungen für Mitglieder und Nichtmitglieder an. Katrin suchte sich eine Veranstaltung heraus, die bei ihr in der Nähe stattfand, und fragte bei der Geschäftsstelle noch einmal nach, ob sie als Nichtmitglied willkommen ist. Bei dem Gespräch erfuhr sie auch schon einiges über die Referenten und die Teilnehmer, was sie sich notierte. Die Veranstaltung war für Katrin ein voller Erfolg. Sie fühlte sich in ihrem Entschluss, in dieser Branche zu arbeiten, voll bestätigt. Zudem hatte sie den Kontakt zu einem Mitarbeiter einer großen Makleragentur geknüpft, mit dem sie sich in den folgenden Wochen mehrfach zu der Branche austauschte.

In vielen Städten gibt es mittlerweile regelmäßig eher legere und informelle Treffen wie z. B. Business Lunches von den Digital Media Women oder After-Work-Treffen von Xing. Bei einigen ist eine Mitgliedschaft Voraussetzung bei anderen darf man einmalig auch als Gast vorbeikommen. Wann welches Treffen bei dir in der Umgebung stattfindet, kannst du leicht über das Internet herausfinden. Es ist eine einfache Möglichkeit, um mit interessanten Menschen in Kontakt zu kommen.

Jedoch solltest du dir vorher klar machen, was du mit dem Besuch einer solchen Veranstaltung erreichen möchtest. Es geht nicht darum, einfach nur eine Veranstaltung zu besuchen. Suche dir also eine Veranstaltung heraus, die dich inhaltlich interessiert oder auf der du Personen vermutest, die dir weiterhelfen könnten.

Action Step 10: Suche das Gespräch !

Erkundige dich, welche Veranstaltungen in deiner Stadt oder Umgebung in den nächsten vier Wochen anstehen.
Wähle zwei Veranstaltungen aus und versuche, bei jeder mindestens eine neue Person kennenzulernen, die in dein Netzwerk aufgenommen wird und mit der du in Kontakt bleiben willst. Am einfachsten stellst du die Verbindung her, indem du die Person am Tag nach der Veranstaltung über einen Social-Media-Kanal ansprichst und um Vernetzung bittest. Dies ist einfach, weil du sofort den Bezug zu eurem gestrigen Gespräch herstellen kannst.
Überlegst du die Branche zu wechseln oder suchst du neue berufliche Kontakte? Dann recherchiere, welche passenden Veranstaltungen, Seminare oder Messen es gibt, und entscheide, welche du davon besuchen möchtest. Startpunkt deiner Recherche könnte ein Berufsverband sein. Denn fast alle Berufe haben einen eigenen Verband, der Veranstaltungen durchführt. Wähle hier idealerweise auch zwei Ereignisse aus und versuche bei beiden auch mindestens einen neuen Kontakt zu gewinnen.

Sharing is Caring

Sichtbar werden, sich ins Gespräch zu bringen, das ist jetzt eine deiner wichtigsten Aufgaben. Am Anfang ist das viel, aber wenn du erst einmal deine Netzwerke eingerichtet und alle Kontakte erfasst hast, dann wird das deutlich weniger bzw. geht alles viel schneller.

Ute Blindert, Expertin für digitales Netzwerken, schlägt vor, täglich fünf Minuten mit seinem Netzwerk zu verbringen.[19] Das reicht ihrer Ansicht nach aus, um up to date zu bleiben und ein tragfähiges Netzwerk auf- und auszubauen. Dabei checkst du immer die folgenden vier Punkte:

- Hat jemand mein Profil angesehen? Vielleicht lohnt sich die Kontaktaufnahme? Dann schreibe die Person an.
- Hat jemand Geburtstag oder feiert ein Jubiläum? Dann gratuliere ihm oder ihr.
- Hat jemand einen interessanten Beitrag veröffentlicht? Dann likest du den Beitrag oder kommentierst ihn.
- Was ist in den Gruppen los? Gibt es dort etwas, auf das du reagieren könntest? Dann mache das.

Das war es. Alle drei bis vier Wochen gehst du wie folgt vor:

- Einen Beitrag in der Gruppe erstellen oder teilen.
- Neue Kontakte recherchieren über Kontakte zweiten Grades oder die allgemeine Suche.

Das alles erledigst du in fünf Minuten pro Tag. Natürlich ist es auch möglich, nur zweimal pro Woche in dein Netzwerk zu schauen oder noch seltener. Wenn dich allerdings jemand kontaktiert, dann reagiere innerhalb einer Woche. Ansonsten wirkt es unhöflich und desinteressiert!

Wenn du gerne digital kommunizierst, wird die Fünf-Minuten-Regel für dich ein Leichtes sein. Wir können die regelmäßige Beschäftigung mit dem eigenen beruflichen Netzwerk nur empfehlen. Es gibt für Restarter wenig Gelegenheiten, so einfach mit Berufstätigen in Kontakt zu gelangen wie in einem digitalen Netzwerk. Vielleicht könnte das ein Anreiz für dich sein, auch wenn du grundsätzlich lieber offline kommunizierst.

Es gibt eine Gesetzmäßigkeit beim Networking – digital wie offline: Je mehr du zu Beginn investierst, umso mehr wirst du in der Folge auch erhalten. Mehr meint nicht Quantität, sondern Qualität.

---

19 »Wie Sie es trotz wenig Zeit schaffen, online zu netzwerken (und Ihre Karriere voranzutreiben)«, Artikel von Ute Bindert auf LinkedIn Impulse.

5.4 So profitierst du von deinem Netzwerk

Wenn du in den nächsten Tagen und Wochen deine Kontakte ansprichst oder anschreibst, übe dich darin, kompetent und sicher zu wirken. Je besser du deine beruflichen Vorstellungen kurz und bündig wiedergeben kannst, umso professioneller wirkst du. Auch hier möchten wir dir nochmal dringend die 60-Sekunden-Berufsstory ans Herz legen. Sie ist ein wichtiger Baustein für deinen Restart und wird an entsprechenden Stellen genau den professionellen Eindruck hinterlassen, der dich von anderen unterscheidet.

So wichtig Networking ist und soviel Spaß es auch machen kann, eines gilt es zu beachten. Networking ist eine sehr feinstoffliche Angelegenheit. Man darf nie etwas fordern und nichts zu direkt angehen. Der Austausch läuft subtiler ab. Ein absolutes No-Go sind vor allem folgende zwei Fragen:

»Hast du einen Job für mich?« oder »Kennst du jemanden, der einen Job für mich hat?« Diese beiden Fragen bitte niemals an irgendjemanden richten. Auch nicht an gute Freunde. Wir sagen dir, warum:

Die wenigsten Ansprechpartner wissen aus dem Stand, ob eine geeignete Position vakant ist oder ein Kollege eine freie Stelle verfügbar hat. Sie müssen sich erst erkundigen oder umhören und brauchen dafür Zeit. Die Antwort auf deine Frage wird daher mit großer Wahrscheinlichkeit »Nein« oder »Im Moment nicht« lauten. Fast entscheidender ist aber noch ein sehr bedeutsames psychologisches Moment. Die wenigsten Menschen mögen eine Frage mit einem »Nein« beantworten, insbesondere wenn man sich untereinander kennt. Ein »Nein« weckt auf allen Seiten Unbehagen: Du fühlst dich im schlimmsten Fall wie ein Bittsteller, der gerade abgelehnt wurde, und dein Gesprächspartner könnte sich eventuell vornehmen, bei deinem nächsten Anruf nicht ans Telefon zu gehen. Beides ist das Gegenteil dessen, was wir mit dem Netzwerken erreichen wollen. Wir wollen ja gerade durch unser Netzwerk die Chancen verbessern, einen neuen, am besten unseren Traumjob zu finden. Wie kannst du es also dann bewerkstelligen, dass über dein Netzwerk dieser Job zu dir kommt? Die Antwort lautet: Führe Insidergespräche.

Insidergespräche

Ein Insidergespräch ist eine Unterhaltung mit einer Person aus deinem Netzwerk, die für deine berufliche Ausrichtung relevant sein könnte. Zum Beispiel könnte diese

Person in einer Branche arbeiten, die dich interessiert, oder eine Tätigkeit ausüben, die du anstrebst. Vielleicht hat sie aber auch eine Weiterbildung oder einen bestimmten Karriereschritt gemacht, der dich interessiert.

Das Insidergespräch hat zwei Ziele. Einerseits möchtest du Informationen sammeln, die aus erster Hand stammen. Andererseits möchtest du mit diesen Gesprächen sichtbar werden! Zeigen, dass es dich gibt und du verfügbar bist. Dementsprechend dreht sich das Gespräch ausschließlich um die Berufstätigkeit deines Gegenübers, seinen Erfahrungen und seinen Einschätzungen. Dabei könntest du folgende Fragen stellen:

! **Beispiel: Fragen in einem Insidergespräch**

»Wie hat sich Ihre Branche/Ihr Unternehmen innerhalb der letzten Jahre entwickelt?«
oder:
»Welche Karriereschritte sind Sie gegangen?«
oder:
»Wie gut lässt sich Ihre Tätigkeit mit dem Familienleben vereinbaren?«
Du könntest auch fragen:
»Wie entwickelt sich die Branche in den nächsten Jahren?«
oder:
»Welche Herausforderungen sieht Ihr Unternehmen für die Zukunft?«

Das sind alles Fragen, die dein Gegenüber relativ einfach beantworten kann und sicher auch beantworten möchte. Vielleicht fühlt er sich sogar als Experte geschätzt, weil du ihn für diese Fragen ausgewählt hast. Auf jeden Fall wird die Person sehr viel aufgeschlossener dafür sein, sich mit dir zu unterhalten, als wenn du sie direkt nach einem Job fragst.

Was wie ein Umweg aussieht, führt dich direkt zum Ziel. Du stellst eine Verbindung her, du kommst ins Gespräch, du erhältst interessante Informationen und – du bringst dich ins Spiel! Dein Gegenüber hat dich ab jetzt auf dem Radar. Auf sehr sympathische Weise, weil er fast die ganze Zeit erzählen durfte und er echtes Interesse an seiner Person erlebt hat. Das erhöht die Bereitschaft, dich auf deinem weiteren Weg unterstützen zu wollen.

Um deine Professionalität zu unterstreichen, solltest du dich auf das Gespräch vorbereiten. Google, wie der Berufsweg deines Gesprächspartners aussieht und ob er z. B. vor Kurzem die Position gewechselt hat. Das klingt jetzt aufwendiger als es de facto ist – ein Blick in sein LinkedIn- oder Xing-Profil reicht aus, damit du die wesentlichen Dinge über ihn in Erfahrung bringst.

Mit klug formulierten Fragen kannst du aber auch deine eigene Kompetenz unter Beweis stellen. Was beschäftigt die Branche oder das Unternehmen gerade? Gibt es ein Thema, das in den Medien diskutiert wird? Wenn du so etwas einfließen lässt, wird dein Gesprächspartner registrieren, wie gut du informiert und auf dem Laufenden bist.

Nutze diese Gespräche auch, um dein Wissen zu ergänzen und bestimmte Formulierungen oder fachliches Wording zu übernehmen. Das kannst du dann gleich wieder im nächsten Gespräch einbringen. Du darfst auch die Frage stellen, ob dein Gesprächspartner dir eine Empfehlung geben könnte, mit wem du dich noch austauschen könntest über die Branche oder das Unternehmen etc. Diese Empfehlung würde dann zu deinem nächsten Insidergespräch führen.

Sieben Tipps für ein erfolgreiches Insidergespräch !

- **Vorbereiten:** Überlege dir genau, was du mit dem Gespräch erreichen möchtest. Welche Fragen möchtest du stellen? Formuliere diese im Vorfeld aus und schau dir deine Notizen vor dem Gespräch noch einmal an. Dann vergisst du nichts.
- **Fokussieren:** Small Talk zu Beginn eines Gespräches ist erlaubt, aber dann bringe das Gespräch auf den Punkt. Dein Gesprächspartner wird es zu schätzen wissen, dass du wertschätzend mit seiner Zeit umgehst.
- **Vertrauen:** Ehrlichkeit und Authentizität sind wesentlich, nur so glaubt dir dein Gegenüber und wird auch seinerseits seine Meinung offen äußern.
- **Zuhören:** Du möchtest etwas erfahren, daher ist es wichtig, dass vor allem dein Gegenüber redet. Indem du seine Äußerungen verbal oder nonverbal bestätigst oder dazu Fragen stellst, ermunterst du diese Person fortzufahren.
- **No-Gos:** Frage deinen Gesprächspartner nie direkt nach einem Job. Frage auch nie, was er an deiner Stelle tun würde. Mit beiden Fragen bringst du dein Gegenüber möglicherweise in eine unangenehme Situation.
- **Abschluss:** Sei dir vorher im Klaren, wie du das Gespräch beenden möchtest. Möchtest du zusammenfassen, was ihr besprochen habt? Oder möchtest du die Person zu einem späteren Zeitpunkt noch einmal kontaktieren? Indem du das präzise kommunizierst, schaffst du eine Verbindlichkeit mit deinem Gesprächspartner.
- **Dankesnachricht:** Ein persönliches Gespräch, in dem du Anteil am Leben des anderen nimmst, ist ein sehr verbindendes Element. Unterstreiche die Verbindung, indem du eine Dankesnachricht schreibst.

Business Talk statt Small Talk

Im Unterschied zum geplanten Insidergespräch entsteht der Small Talk aus einer spontanen Laune und Situation heraus. In unserem Alltag gibt es zahlreiche Situationen, bei denen wir mit anderen, dir wir nur lose kennen, ins Gespräch kommen. Sei es am Wochenende, wenn die Eltern am Sportplatz stehen und die Kinder anfeuern, oder in der Woche bei der Chorprobe oder den Yoga-Abenden. Bei vielen dieser Gelegenheiten entstehen ganz unbefangen Gespräche und wir betreiben Small Talk. Wenn das Thema auf deine berufliche Tätigkeit kommt, erzählst du ab heute jedem von deinem Wunsch, beruflich wieder loslegen zu wollen. Nutze alle Gelegenheiten, die sich bieten, um mit anderen ins Gespräch zu kommen und von deinem Vorhaben zu erzählen. Sei es nun der Schwabenstammtisch oder die Geburtstagsfeier eines Freundes. Erzähle überall, dass du wieder arbeiten möchtest!

Drei Tipps helfen dir für ein sympathisches und erfolgreiches Vorgehen:

1. Achte darauf, wie interessiert dein Gegenüber ist. Wenn die Person nur lapidar fragt, antworte auf einem allgemeinem Level. Wenn echtes Interesse besteht, kannst du deinen Wunsch weiter ausführen bzw. deine 60-Sekunden-Berufsstory anbringen.
2. Bietet der Anlass Raum für ein vertiefendes Gespräch? Wenn das Gespräch alle zwei Minuten unterbrochen wird, weil ein Tor fällt oder ein neuer Gast begrüßt werden muss, passt es nicht. Vereinbare dann doch einfach ein weiteres Gespräch oder ein Telefonat, um das Gespräch fortzusetzen.
3. Wie geschäftsmäßig ist die Situation? Wenn du bei Freunden bist, kannst du viel salopper sprechen, als wenn du auf einer Veranstaltung oder einer Messe bist. Für diesen Anlass ist die 60-Sekunden-Berufstory perfekt. Bleibt noch mehr Zeit, ist es von Vorteil, mit Fachvokabular präzise Sätze zu formulieren. Denn mit einem fachlichen Wording stellst du deine Kompetenz unter Beweis.

!

Action Step 11: Dein VIP-Book

Wir haben schon an vielen Stellen betont, wie wichtig es ist, sich Dinge aufzuschreiben. Zahlreiche Studien belegen, dass Ziele sich besser erreichen lassen, wenn sie schriftlich festgehalten werden. Indem du dir Ziele und andere Dinge notierst, sortierst du deine Gedanken und stellst sicher, nichts zu vergessen. Wir persönlich sind überzeugt von der Power eines Notizbuches. Wenn du es nicht schon längst hast, empfehlen wir, dir jetzt eines anzulegen. Nämlich dein VIP-Book. Ob du ein Notizbuch benutzt oder Notizen im Smartphone anlegst, ist hierbei nicht entscheidend. Wichtig ist nur, dass du die Dinge verschriftlichst.

In dein VIP-Book trägst du ein, mit wem du gesprochen hast (Vorname, Nachname, Unternehmen), wann ihr gesprochen habt und natürlich auch die Themen eurer Unterhaltung. Das alles sind kostbare Informationen! Denn wenn du jemanden schon beim zweiten Kontakt mit seinem Namen ansprechen kannst, wirkt das sehr verbindlich. Wenn du dann noch darauf zurückgreifst, worüber ihr das erste Mal gesprochen habt, wird dein Gegenüber positiv überrascht sein. Im Idealfall wird er diese Überraschung mit deinem Namen verbinden und dich fortan im Gedächtnis behalten – genau das wolltest du erreichen. Aber auch unabhängig von einem weiteren Treffen könnten die Themen eurer Unterhaltung und die Informationen, die du erhalten hast, zu einem späteren Zeitpunkt sehr hilfreich für dich sein. Verlasse dich nicht darauf, dass du das dann noch erinnerst. Also, alles aufschreiben!

5.5 Dos and Don'ts beim Networking

Netzwerke sind eine Investition in die Zukunft. Vielleicht fühlst du dich noch nicht ganz wohl dabei, andere anzusprechen oder gar zu erzählen, wie sie dich unterstützen können. Bei Personen, die dir nicht nahestehen, könntest du das schwierig finden oder zweifeln, dass sie dir helfen wollen. Die Antwort ist ganz einfach: Netzwerke sind auf lange Sicht angelegt. Deine Kontakte unterstützen dich, weil sie auf deine Entwicklung bauen. Vielleicht könntest du ihnen irgendwann in der Zukunft einmal eine entscheidende Hilfestellung geben. Allein für diese Möglichkeit tun sie dir heute einen Gefallen.

Ein Beispiel: Stell dir vor, ein entfernter Kontakt von dir empfiehlt dich einem Kollegen und daraus entsteht dein neuer Job. Du bist glücklich, der entfernte Kontakt ist ebenso zufrieden und dein Kollege sowieso. Jahre später fragt dich ebendieser entfernte Kontakt, den du immer noch nicht näher kennst, ob du ihn mit einem deiner Lieferanten bekannt machen kannst. Du erinnerst dich gut an seine damalige Unterstützung und machst das gerne. Das ist gelungenes Networking. Damit das so reibungslos funktioniert, fassen wir die Dos and Don'ts beim Networking noch einmal zusammen:

Dos beim Networking

- **Freiwilligkeit:** Networking ist ein freiwilliger Zusammenschluss. Erwartungen und Anspruchshaltungen sind hier fehl am Platze.
- **Gegenseitigkeit:** Es ist nicht notwendig, einen Gefallen sofort mit einem Gegengefallen zu beantworten. Wenn dich jedoch jemand um einen Gefallen bittet, versuche ihn zu erfüllen.

- **Verbindlichkeit:** Du brauchst nichts zu versprechen und dich zu nichts verpflichten. Aber wenn du etwas zusagst, dann halte es auch ein. Verbindlichkeit ist eine kostbare Währung in sozialen Netzwerken.
- **Vertrauenswürdigkeit:** An der einen oder anderen Stelle wirst du vertrauliche Informationen oder Daten erhalten. Diese dürfen nicht weitergegeben oder veröffentlich werden. Dein Gegenüber verlässt sich auf deine Integrität.
- **Netzwerkpflege:** Melde dich in regelmäßigen Abständen bei deinen Kontakten, sei es zum Geburtstag, Firmenjubiläum oder zu anderen passenden Anlässen.

Don'ts beim Networking

- **Forderungen stellen:** Networking ist eine feinstoffliche Angelegenheit. Wenn du jemand anderem einen Gefallen getan hast, kannst du weder erwarten noch fordern, dass er dasselbe für dich tut.
- **Zusagen brechen:** Wenn du mit jemanden ins Gespräch kommst, halte dich an die besprochenen Vereinbarungen.
- **Unwahrheit sagen:** Was immer du schreibst oder in deinem Profil angibst, die Angaben müssen ehrlich sein. Dein Netzwerk verlässt sich auf deine Integrität.
- **Mehr nehmen als geben:** Netzwerke sind keine Eins-zu-eins- Tauschgemeinschaften. Dennoch fällt es auf, wenn jemand immer nur Hilfe von anderen sucht und selbst nie Hilfe geben möchte. Irgendwann ist dann auch keiner mehr bereit, dich zu unterstützen.

Beherzige diese Dos und Don'ts und du wirst tatkräftig und gerne von deinem Netzwerk unterstützt werden.

5.6 Was macht ein gutes Netzwerk aus? – Fragen an die Networking-Expertin Monika Scheddin

Monika Scheddin ist Expertin für Netzwerken und Autorin des Topsellers »Erfolgsstrategie Networking«.

Liebe Frau Scheddin, was macht ein gutes Netzwerk aus?

Monika Scheddin: *Ein gutes Netzwerk muss nicht aus vielen, sondern aus den richtigen Kontakten bestehen.*

Es sind Menschen, die mich in der Erreichung meiner Ziele gerne unterstützen. Es sind Menschen, die ich fragen kann, wenn ich nicht weiter weiß. Es sind auch Menschen, die schon da sind, wo ich hinwill – es mich aber nicht merken lassen. Die nicht fordern, berechnen und aufrechnen. Die mir nicht »nach dem Mund reden«, mir aber auch nicht ungefragt ihr Feedback aufdrängen. Die bekennend auf meiner Seite stehen und sich mit mir über meine Erfolge freuen und sich mit mir betrinken, wenn ich Mist gebaut habe. Die sich aber auch auf meine volle Unterstützung verlassen können.

Welche Schritte sollte eine Wiedereinsteigerin gehen, die ihr Netzwerk nach einer Berufspause neu aufbauen möchte?

Monika Scheddin: *Machen Sie sich zuallererst ein paar Gedanken:*

Mit welchen sieben Menschen würde ich wahnsinnig gerne Mittagessen gehen? Wer ist schon da, wo ich noch hinwill? Was fasziniert mich so an diesen Menschen? Und dann würde ich wirklich versuchen, so viele wie möglich von dieser Liste zu treffen.

Und ich würde ihnen Fragen stellen. Fragen, die mich in der Erreichung meiner Ziele weiterbringen. Zum Beispiel: Wie war Ihr Erfolgsweg? Welchen Fehler würden Sie heute am liebsten nicht mehr machen? Wer hat Sie unterstützt? Welche Ratschläge können Sie mir geben? Wen sollte ich Ihrer Meinung nach kennenlernen?

Worauf sollte man bei der Kontaktanfrage achten?

Monika Scheddin: *Bleiben Sie höflich. Mit Sicherheit richten Sie Ihre Kontaktanfrage an Menschen, die sich nicht langweilen. Das heißt, es kommt ein Extra-to-do auf deren Liste. Vermutlich werden Sie beim ersten Mal keine Antwort bekommen. Warum? Weil Ihr Gegenüber erst mit dem ersten Nachfass eine Priorität setzen wird. Fassen Sie super charmant nach. Wenn es sein muss, ein zweites und drittes Mal. Aber: Stellen Sie keine Forderungen. Sie haben kein Recht auf eine Antwort.*

Zeigen Sie absolute Wertschätzung, denn das ist der Lohn Ihres Gegenübers.

Welche Regeln sollte ich einhalten, damit das Netzwerken gelingt?

Monika Scheddin: *Sei interessiert. Sei vorbereitet. Formuliere Fragen. Zum Beispiel die Frage: »Gibt es irgendetwas, was ich für Sie tun kann?«*

Für Geübte: Bieten Sie Konkretes es an, von dem Sie vermuten, dass es Ihrem Gegenüber absolut gefallen könnte (z. B. dem Autor eine Amazon-Rezension, der Nachbarin das Blumengießen im Urlaub).

Und zuletzt: In welchen Bereichen könnten Frauen Ihrer Ansicht nach beim Netzwerken noch besser werden?

Monika Scheddin: *Frauen sind die besseren Netzwerker. Das ist unbestritten. Leider nur für andere. Wenn es um sie selbst geht, betreten die meisten Frauen Entwicklungsland.*

Es ist wichtig, konkrete Bitten auszusprechen. Die werden nicht immer erfüllt, aber es herrscht Klarheit.

Du musst nicht Recht behalten, sondern erfolgreich sein. Frauen pochen noch viel zu sehr auf ihr Recht.

Gemeinsames zum Thema machen, Trennendes ignorieren.

Überlegen Sie sich, wie Sie in Erinnerung bleiben wollen.

Die meisten Frauen wollen sympathisch und kompetent in Erinnerung bleiben. Und bleiben damit gar nicht in Erinnerung. Wer dagegen interessiert ist, bleibt interessant in Erinnerung.

Sie müssen etwas Persönliches preisgeben, sonst können Sie nicht Netzwerken.

Firmen können sich nicht vernetzen. Ein Netzwerk besteht nur zwischen Menschen.

Ich wünsche allen Frauen, dass sie Netzwerken in ihre Prioritäten übernehmen. Dass sie lernen, spielerisch, großzügig und mit Freude und mit Zielen zu netzwerken. Wer das lernt, kann Erfolg langfristig nicht vermeiden.[20]

---

20 Blogpost: »5 Fragen an Monika Scheddin – Expertin für Netzwerken«, veröffentlicht am 13.08.2019 aufwww.restart-today.de.

Insights !

- Netzwerke sind dein Sprungbrett in den nächsten Job.
- Entdecke und pflege dein Netzwerk.
- Profitiere von digitalen beruflichen Plattformen.
- Nur die richtige Ansprache bringt wertvolle Kontakte.
- Don't break the rules.

6 Schritt 6: Matching – So findest du deinen Job

Glaube, dass du kannst, und du bist schon halb dort.
Greg Plitt

Im vorherigen Kapitel hast du erfahren, wie wichtig Netzwerke für deinen Restart sind. Das ist eine sehr gute und aussichtsreiche Möglichkeit, um an seinen Traumjob zu gelangen. Um aber die Chancen weiter zu erhöhen, wollen wir noch die vielen anderen Möglichkeiten vorstellen. Deswegen beschäftigen wir uns in diesem Kapitel mit dem **Job-Matching**, also um die Frage, wie du den Job findest, der zu deinen Vorstellungen und Erwartungen passt.

Zuerst suchen wir einen Job, der zu deinen inhaltlichen Vorstellungen passt. Im nächsten Schritt geht es darum, diesen Job mit deinen zeitlichen Vorgaben und Voraussetzungen in Einklang zu bringen.

Vielleicht findet du das erstaunlich, aber die heutige Arbeitswelt bietet durch die fortschreitende Digitalisierung immer mehr Gestaltungsmöglichkeiten in Bezug auf zeitliche und räumliche Anforderungen. Wenn es inhaltlich passt und die Chemie zwischen dem Unternehmen und dir stimmt, gibt es zahlreiche Gestaltungsformen der Mitarbeit. Verbaue dir also nicht im Vorfeld schon einen Weg durch zu enge zeitliche und/oder örtliche Anforderungen an deinen Job. Die folgende Beispiele veranschaulichen die Möglichkeiten und Vorteile einer flexiblen Arbeitsplatzgestaltung.

Beispiel: Jan denkt weiter !

Jan wohnt mit seiner Familie in Düsseldorf und ist dort familiär eingebunden. Als sein Arbeitgeber in Düsseldorf sagt, dass es keine weiteren Entwicklungsmöglichkeiten für ihn gibt, überlegt Jan, was er tun soll. Ein Umzug kommt für ihn nicht in Frage – die Familienroutine ist so eingespielt, dass er täglich die kleine Tochter (4) vom Kindergarten abholt. Und so soll es auch bleiben. Jan bewirbt sich nun bei Unternehmen im ganzen Bundesgebiet und schreibt gleich in die Bewerbung, dass er von Düsseldorf aus arbeiten möchte. Theoretisch geht das, weil sein Job ermöglicht, dass er das meiste per Computer erledigen kann. Aber lassen sich Unternehmen darauf ein?

Tatsächlich laden mehrere Unternehmen Jan zum Vorstellungsgespräch ein. Er entscheidet sich für ein Unternehmen, das in Köln ansässig ist. Man einigt sich darauf, dass das Unternehmen Jan einen Arbeitsplatz in einem Co-Working-Space in Düsseldorf bezahlt. Dort ist jetzt Jans Arbeitsplatz. Seine Kollegen sitzen alle in Köln, aber das stört ihn nicht. Digital ist er mit seinen Kollegen bestens vernetzt und kann dennoch pünktlich seine Tochter aus dem Kindergarten in Düsseldorf abholen.

Nur weil Jan seinen Suchradius bundesweit ausgeweitet hat, hat er diesen Job bekommen. Hätte er sich auf Düsseldorf beschränkt, wäre ihm dieses Stellenangebot gar nicht aufgefallen.

Ein weiteres Beispiel sind Inka und Sabine:

! **Beispiel: Inka und Sabine teilen sich eine Stelle**

Inka und Sabine möchten weniger arbeiten. Sabine möchte sich mehr um die Familie kümmern und Inka möchte neben dem Beruf auch noch Energie und Zeit für soziale Projekte haben. Beide haben Führungsverantwortung und möchten darauf auch bei weniger Arbeitszeit nicht verzichten. Sie erhalten die Möglichkeit, sich gemeinsam eine Stelle als Personalmanagerin zu teilen. Das bedeutet, jede arbeitet 20 Stunden pro Woche, aber sie haben gemeinsam Führungsverantwortung für 60 Mitarbeiterinnen und Mitarbeiter.[21] Es fallen gelegentlich Überstunden an, sie müssen sich gut abstimmen und sie verdienen weniger als bei einer Vollzeitstelle. Aber ihr Gewinn ist, dass beide mehr Zeit für andere Dinge haben, z. B. die Familie.
Das Konzept, wenn sich zwei Personen eine Arbeitsstelle teilen, nennt man Job-Sharing.

Diese zwei Beispiele zeigen nur einen Bruchteil der Möglichkeiten, die es im heutigen, flexiblen Arbeitsleben gibt. Wenn das Match-Making stimmt, also der Job deinen inhaltlichen Vorstellungen entspricht, sind zeitliche und örtliche Bedingungen fast immer verhandelbar. Daher unsere Empfehlung: Erst das Job-Matching, dann die äußeren Rahmenbedingungen.

21 »Du willst mehr Freiheit? Teil dir deinen Job!«, Artikel vom 01.02.2016, aktualisiert am 12.04.2016, von Madeleine Hofmann, auf Bento.de.

6.1 Wege für deinen Jobeinstieg

Schauen wir uns an, welche Wege dich zu deinem Job führen können. Das sind:

- familienfreundliche Unternehmen
- Re-Hiring
- digitale Job-Portale
- Personaldienstleister
- Agentur für Arbeit
- Initiativbewerbung

Neben dem Networking sind dies die chancenreichsten Wege zum Job, die wir dir jetzt im Einzelnen vorstellen:

a) Familienfreundliche Unternehmen

Ein echter Geheimtipp ist es unserer Ansicht nach, sich Unternehmen rauszusuchen, die als »familienfreundliches« Unternehmen ausgezeichnet wurden. Eine solche Auszeichnung wird von vielen verschiedenen Stellen, Stiftungen, Organisationen oder auch Städten vergeben. Die Unternehmen, die diese Auszeichnung erhalten, punkten damit, dass sie ausdrücklich auf die Anforderungen von Eltern, aber auch anderen familienbedingten Situationen, wie z. B. Pflege eines Angehörigen, eingehen: Flexible Arbeitszeitmodelle, Jobsharing bis in die Führungsetage, respektierte berufliche Auszeiten für Mütter und auch Väter, Mitarbeiterbindungsprogramme während einer Auszeit sowie die Unterstützung bei der Kinderbetreuung sind nur einige Kriterien die hier eine gelebte Relevanz erfahren.

Das sind sozusagen die Grundlagen eines familienfreundlichen Unternehmens. Daneben gibt es aber unternehmensindividuelle Kriterien, die für dich als Restarter hoch interessant sein können, weil sie vielleicht genau zu deiner Situation passen. So gibt es zum Beispiel Unternehmen, die es ausdrücklich fördern, dass Familienmütter und -väter die gleichen Entwicklungs-und Aufstiegsmöglichkeiten haben. Aktuell wirbt z. B. Hewlett Packard Deutschland damit, dass jeder Vater nach der Geburt seines Kindes ein halbes Jahr bezahlte Auszeit nehmen kann!

Andere familienfreundliche Unternehmen pflegen einen kontinuierlichen Austausch mit ihren Beschäftigten über familienfreundliche Maßnahmen. Dazu gehören nicht nur Fragen der Kinderbetreuung, sondern auch die Organisation der Betreuung und

Pflege von Angehörigen. Auch hier gibt es Unternehmen, die sich dieser Problematik bewusst sind und betroffene Mitarbeiter bestmöglich unterstützen.

Laut einer aktuellen Studie des Bundesministeriums für Familie, Senioren, Frauen und Jugend (bmfsfj.de) aus dem Jahre 2019 heißt es in dem »Unternehmensmonitor Familienfreundlichkeit 2019«, dass die Familienfreundlichkeit der Unternehmen kontinuierlich zunimmt. Der Grund für diese Zunahme liegt im Wesentlichen in der Veränderung des Wertebewusstseins unserer Gesellschaft. Insbesondere für die Jahrgänge ab 1990 sind Kriterien wie die Vereinbarkeit von Beruf- und Privatleben genauso wichtig wie die Möglichkeit einer rein beruflichen Karriere. Aber auch der Wunsch nach Selbstverwirklichung, flachen Hierarchien, respektvollem Miteinander und Teilhabe trägt dazu bei, dass sich die Unternehmen im Kampf um gute Mitarbeiter neuen Anforderungen stellen (müssen).

Familienfreundliche Unternehmen werden natürlich besonders von Mitarbeitern geschätzt, die direkt von diesen Maßnahmen profitieren, wie z. B. Mütter und Väter. Aber ebenso positiv empfinden auch Mitarbeiter, die weder Kinder noch pflegebedürftige Angehörige haben, diese familienfreundliche Ausrichtung. Einfach weil diese Unternehmen eine Kultur pflegen, in der der Mensch wichtig ist. Menschlichkeit wird hier nicht nur gepredigt, sondern aktiv gelebt. Dieser Umstand macht familienfreundliche Unternehmen zu sehr attraktiven Arbeitgebern. Und genau das ist der Grund, warum wir dir empfehlen, zuerst nach familienfreundlichen Unternehmen zu suchen und dorthin deine ersten Bewerbungen zu schicken.

So findest du familienfreundliche Unternehmen

Sobald du bei Google »familienfreundliche Unternehmen« angibst, wirst du etliche Hinweise mit konkreten Angaben zu Unternehmen finden. Teilweise beziehen sie sich auf ganz Deutschland, teilweise auf einzelne Städte. Gib also am besten deine Stadt bzw. deine Region ein und du wirst ziemlich sicher eine Top-10-Liste erhalten. Selbst wenn sie schon etwas älter sein sollte, kannst du davon ausgehen, dass das Unternehmen in der Zwischenzeit nicht weniger familienfreundlich geworden ist. Für Berlin haben wir auf einer Liste aus 2016 z. B. folgende Unternehmen gefunden: Deutsche Bahn, MyHammer, Tausendkind, SD&C, Polyprint GmbH (Treptow), Daimler Financial Services. Die Stadt Hamburg verleiht jedes Jahr das »Familiensiegel« an familienfreundliche Unternehmen. Im Jahr 2019 erhielten wieder 33 neue Unternehmen dieses Siegel. Wenn du auf die Website von »hamburg.de« gehst, findest du dort die Unternehmen alphabetisch sortiert mit Namen und Branchenangabe sowie einer Verlinkung zur Unternehmensseite.

Auch von der Bertelsmann-Stiftung gibt es einen Siegel »familienfreundlicher Arbeitgeber«. Auf der Website familienfreundlicher-arbeitgeber.de findest du unter dem Menüpunkt »Arbeitgeber« die Unternehmen mit dem entsprechenden Siegel. Dort sind die Unternehmen nach Größe sortiert. Es beginnt bei Unternehmen mit bis zu zehn Mitarbeitern und endet bei Unternehmen mit einer Größe von über 1.000 Mitarbeitern. Hier erfährst du auch den Standort, die Branche und den Namen.

Die Zeitschrift »Freundin« führt regelmäßig Rankings der 100 familienfreundlichsten Unternehmen in Deutschland durch. Du findest Rankings von 2016, in denen die ersten zehn Unternehmen ausführlich beschrieben werden. Bei dem Ranking von 2018 werden nur noch die Top 5 ausführlich beschrieben, aber immer werden die Plätze bis 100 mit Namen, Branche und Unternehmensgröße genannt. Das sind gute Quellen, um auch in deiner Nähe ein Unternehmen zu finden, das als besonders familienfreundlich gilt.

Informiere dich über familienfreundliche Unternehmen in deiner Umgebung und schaue dir die entsprechenden Unternehmenswebsites an. Passt das zu deinen Vorstellungen vom Job? Werden gerade offene Stellen angeboten? Wenn es passt, bewirb dich. Wenn es keine offenen Stellen gibt, das Unternehmen dir aber zusagt, kannst du es auch mit einer Initiativbewerbung versuchen. Wie du eine Initiativbewerbung schreibst, erklären wir in Kapitel 6.1 (Abschnitt g).

Auch das Unternehmen *Great Place to Work* bietet einen spannenden Service auf ihrer Website (www.greatplacetowork). *Great Place to Work* zeichnet nicht speziell familienfreundliche Unternehmen aus, sondern die besten Arbeitgeber Deutschlands, Europas und sogar weltweit. Da bei diesen Unternehmen menschliche Werte oft sehr groß geschrieben werden, lohnt sich auch hier ein Blick. Unter dem Menüpunkt »Bester Arbeitgeber« findest du die für das laufende Jahr ausgezeichneten Unternehmen mit Name, Branche, Standort und Mitarbeiterzahl.

Zum Schluss möchten wir noch ausdrücklich darauf hinweisen, dass es auch viele familienfreundliche oder großartige Unternehmen gibt, die dafür noch nicht ausgezeichnet wurden bzw. deren Auszeichnung wir bisher nicht kennen. Unsere Auswahl stellt keine Wertung dar, sondern dient nur als Anregung.

b) Re-Hiring

Re-Hiring – also die Wiedereinstellung eines früheren Mitarbeiters – ist eine Strategie, die aufgrund des Fachkräftemangels in Deutschland zukünftig eine immer größere Rolle im Recruiting spielen wird. Für Unternehmen bietet dieser Weg viele Vorteile. Du kennst das Unternehmen und eventuell noch einzelne Mitarbeiter. Du hast dich weiterentwickelt, bringst einen frischen Blick von außen mit und warst bereits selbst einmal ein wertvoller Mitarbeiter. Dass du jetzt zurückkommen willst, zeigt nur deine Verbundenheit mit dem Unternehmen und auch, dass du dich immer noch mit deinem Arbeitgeber identifizierst. Zudem benötigst du keine große Einarbeitungszeit, da du die groben Abläufe, selbst nach einer Pause, noch kennen wirst.

Deswegen ist es für dich vielleicht naheliegend, bei deinem ehemaligen Arbeitgeber anzufragen, ob er Bedarf hat. Wenn das auch deinen aktuellen Bedürfnissen und Anforderungen entspricht, könnte das eine sehr gute Möglichkeit sein, schnell wieder zurück in den Job kommen.

c) Digitale Job-Portale

Täglich kommen Hunderte von neuen Stellenanzeigen heraus. Online selbstverständlich – Print-Stellenanzeigen haben so gut wie ausgedient. Bei dieser Flut von Anzeigen hilft es, nur diejenigen herauszufiltern, die für dich relevant sind. Ansonsten könntest du unglaublich viel Zeit damit verbringen, Stellenanzeigen zu lesen, die dich überhaupt nicht interessieren. Dieses Vorgehen könnte auch frustrierend sein, weil der Eindruck entsteht, dass es für deinen beruflichen Wunsch gar keine passende Stellenanzeige gibt. Das ist aber eher unwahrscheinlich.

Deswegen werden wir auf den folgenden Seiten den Markt der Stellenanzeigen für dich sortieren:

Allgemeine Jobportale

Es gibt große digitale Jobportale. Die bekanntesten sind:

- indeed.de
- Monster.de
- Stellenanzeigen.de
- Stepstone.de

Diese Portale decken sämtliche Branchen und Karrierelevels ab. Die Mehrzahl der Unternehmen veröffentlicht ihre Stellenanzeigen in diesen Portalen. Das Grundprinzip aller Portale ist weitgehend identisch. Auf der Startseite befindet sich eine Suchmaske mit zwei Eingabefeldern für Tätigkeit und Ort. Dort gibst du deine gewünschte Tätigkeit und den gewünschten Arbeitsort ein. Mit einem Klick auf »Suchen« werden dir alle Stellenangebote angezeigt, die auf deine Eingabe zutreffen.

Um die Jobsuche für dich zu vereinfachen, bieten diese Portale Filter an. So kannst du z. B. auswählen, nur die Angebote aus einer bestimmten Region oder Branche oder nur diejenigen für eine bestimmte Position anzeigen zu lassen. Du kannst auch Stellenanzeigen herausfiltern, die alle diese Kriterien erfüllen. Es gibt so viele Filter, dass du deine Suche sehr genau fokussieren kannst. Dadurch wird deine Auswahl übersichtlicher und du ersparst dir das zeitaufwendige Lesen von Angeboten, die nichts mit deinen Wünschen zu tun haben.

Noch cleverer machst du es, wenn du diese Filter speicherst und dir jedes Mal eine E-Mail schicken lässt, sobald ein Unternehmen eine Stellenanzeige veröffentlicht, die zu deinen Anforderungen passt. Die Jobportale bieten detaillierte Anleitungen und Hilfestellungen, um sich mit der Plattform vertraut zu machen und die Features bzw. Funktionalitäten optimal nutzen zu können. Die Jobsuche lässt sich auf diesem Weg sehr gezielt und effizient gestalten.

Neben diesen hilfreichen Features bieten die Portale aber noch einiges mehr. Du kannst auch deinen Lebenslauf in einer »Lebenslaufdatenbank« einstellen. Diese Datenbank ermöglicht es Personalentscheidern, sich in den Bewerberprofilen umzuschauen und bei Eignung mit dir Kontakt aufzunehmen. Das geht natürlich nur, wenn du vorher dein OK gegeben hast.

Unserer Erfahrung nach eignen sich die »nackten« Lebensläufe von Restartern mit beruflichen Auszeiten und keinem aktuellen Arbeitsverhältnis oftmals wenig, um bei standardisierten Suchanfragen in Datenbanken positiv aufzufallen. Anders sieht es aus, wenn du in irgendeinem Bereich ein absoluter Spezialist warst oder ein beruflicher Umsteiger bist. Dann ist das ein sehr interessantes Feature.

Orientiere dich bei der Auswahl des Jobportals daran, wie gut du mit der Benutzerführung zurechtkommst. Denn nur, wenn es für dich leicht verständlich ist, wirst du das Jobportal auch nutzen. Viele Arbeitgeber stellen ihre Angebote ohnehin in alle obengenannten Jobportale ein.

Das Portal Indeed.de ist eine Metasuchmaschine. Das bedeutet, dass du auf indeed.de zudem die Stellenangebote aller anderen Jobportale findest.

Spezialisierte Jobportale
Neben den branchenübergreifenden Plattformen gibt es zahlreiche spezialisierte Jobportale, die eine bestimmte Region oder eine bestimmte Branche im Fokus haben. Wir empfehlen dir, dich nicht nur bei den großen Plattformen anzumelden, sondern ab und zu auch spezialisierte Jobportale zu besuchen.

Speziell für Fach- und Führungskräfte gibt es branchenübergreifende Portale wie Experteer.de. Diese Portale lohnen sich jedoch vornehmlich, wenn du mindestens 30 Stunden pro Woche arbeiten möchtest, weil die angebotenen Stellen fast nur Vollzeitstellen sind.

Regionale Stellenportale finden sich fast immer auf den Websites der lokalen Tageszeitungen. So könnte das z. B. in Berlin tagespiegel.de sein oder in Hamburg abendblatt.de. Bei diesen Portalen hast du die Gewissheit, dass alle angebotenen Jobs in deiner Umgebung liegen.

In zahlreichen Städten gibt es auch informelle wöchentliche Newsletter, in denen vor allem junge Unternehmen Mitarbeiter suchen, wie z. B. workletter.de.

Viele Branchenverbände haben auf ihren Websites ebenfalls einen Bereich für Stellenangebote. In welcher Branche möchtest du vor allem tätig sein? Schau dir an, ob der Branchenverband direkt auf seiner Seite oder einem angeschlossenen Onlinemagazin die Rubrik »Stellenangebote« anbietet. So findest du beispielsweise alle Jobs, die in Verbänden oder Organisationen angeboten werden, auf der Plattformhttps://verbandsjobs.de/. Auch der Bund hat ein eigenes Portal für Stellenangebote im öffentlichen Dienst – das Portalhttps://www.service.bund.de. Dort kannst du, sortiert nach Bundesland und Behörde, Einsicht in alle Angebote nehmen.

Formelle und informelle Interessengruppen bieten ebenfalls Jobportale an. Grüne und nachhaltige Unternehmen veröffentlichen ihre Stellenangebote z. B. auf Jobverde, https://www.jobverde.de/. Ein Zusammenschluss berufstätiger Unternehmerinnen, die mompreneurs, bieten auf ihrer Website Stellenanzeigen ihrer Mitglieder an, wie https://mompreneurs.business/.

Diese spezialisierten Jobportale bieten einen großen Vorteil. Sie sind viel übersichtlicher und erfüllen von vornherein bestimmte Anforderungen. Bei den Jobbörsen der Interessengruppen besteht bereits eine inhaltliche Gemeinsamkeit, die über Wohnort und Branche hinaus geht.

Action Step 12: Mithilfe eines Job-Portals auf Arbeitssuche gehen

!

Suche dir ein Jobportal heraus, das du morgen in Ruhe anschauen wirst. Starte eine Jobsuche, indem du in die Suchmaske einfach die Tätigkeit eingibst, die du ausüben möchtest. Das reicht bereits aus, um dir dazu passende Stellenangebote anzeigen zu lassen.
Wie wäre es, wenn du dir dafür gleich einen Suchauftrag einrichtest? Das geht ganz schnell, und wie es funktioniert, wird dort genau beschrieben.

d) Stellenmarkt der beruflichen Netzwerke

Auch die beruflichen Netzwerke wie Xing und LinkedIn haben einen Bereich für Stellenanzeigen. Bei Xing findest du ihn unter »Stellenmarkt« und bei LinkedIn unter »Jobs«. Wenn du beim Networking bist, kannst du gleich dort vorbeischauen und prüfen, ob es interessante Jobs für dich gibt.

e) Karrierewebsites der Unternehmen

Ein weiterer, zunehmend bedeutsamer Ort, an dem du Stellenanzeigen findest, sind die Karrierewebsites der Unternehmen. Mittlere und große Unternehmen haben fast immer eine Rubrik (meistens unter dem Punkt »Karriere« bzw. »Career«) oder sogar eine eigene Website, auf der sämtliche Stellenangebote für das Unternehmen aufgeführt sind. Diese Karriereseiten sind öffentlich und für jeden einsehbar und zugänglich.

Der Vorteil ist, du siehst auf einen Blick alle freien Vakanzen des Unternehmens. Zusätzlich findest du dort viele weitere Informationen zum Unternehmen sowie dazu, wie eine Bewerbung für dieses Unternehmen aufgebaut sein sollte. Wenn du bereits ein Unternehmen kennst, in dem du gerne arbeiten würdest, schaue dir dessen Karrierewebsite unbedingt an. Vielleicht wird dort eine Tätigkeit angeboten, die genau zu dir passt. Ein Beispiel für eine typische Karrierewebsite findest du hier: http://karriere.lanxess.de/de/jobs-bewerbung/offene-stellen/

f) Agentur für Arbeit

Laut einer aktuellen Studie haben nur 6,9% aller befragten Berufstätigen ihre Stelle über die Agentur für Arbeit erhalten.[22] Die Zahl zeigt, wie gering die Chance ist, einen Job auf diese Weise zu finden. Trotzdem wollen wir diesen Weg nicht unterschlagen. Du sollst alle Wege kennenlernen und dann wählen, welcher für dich am sinnvollsten ist.

Die Agentur für Arbeit kannst du überhaupt nur in Anspruch nehmen, wenn du als arbeitslos oder arbeitssuchend gemeldet bist. Wenn du länger nicht berufstätig warst und keine Leistungen vom Arbeitsamt erhalten hast, müsstest du dich bei der Agentur für Arbeit zunächst als arbeitssuchend registrieren lassen. Mit der Meldung bei der Arbeitsagentur wirst du in deren Bewerberpool, das ist eine großen Datenbank, aufgenommen. Zusätzlich verschickt die Agentur interessierten Unternehmen regelmäßig Newsletter mit ausgewählten Profilen aus dem Bewerberpool. Personalentscheider können aktiv in diesem Pool nach geeigneten Bewerbern suchen. Das funktioniert auch, jedoch mit einer Einschränkung: Je höher die Qualifikation und je spezialisierter deine Tätigkeit ist, umso seltener wird ein Personalentscheider auf diesem Weg einen Bewerber suchen. Personalentscheider nutzen bei sehr qualifizierten Anforderungen überwiegend andere Wege, um geeignete Bewerber zu finden.

! **Gut zu wissen**

Für Akademiker gibt es bei der Agentur für Arbeit eine separate Anlaufstelle, in der du dich über deine Vermittlungschancen und Weiterbildungsmöglichkeiten informieren kannst.

Die Agentur für Arbeit verfolgt arbeitsmarktpolitische Ziele, sie möchte dich vor allem in Arbeit sehen. In irgendeiner. Du hingegen suchst einen Job, der Spaß bringt und zu dir passt. Das können sehr abweichende Zielvorstellungen sein.

Angesichts der Vermittlungszahlen und unseren Erfahrungen betrachten wir persönlich die Agentur für Arbeit nicht als den idealen Weg, um den Traumjob zu finden. Es mag auch nicht jeder, der beruflich wiedereinsteigen möchte, bei der Arbeitsagentur als »arbeitssuchend« registriert sein. Aber es gibt immer Ausnahmen und vielleicht bist du eine davon.

22 Centre of Human Ressources Information Systems im Auftrag von Sylvia Edmonds Monster Worldwide Deutschland GmbH, 2019, S. 15.

g) Initiativbewerbung

Du weißt ziemlich genau, was du machen möchtest. Aber du findest keine Stellenanzeige, die zu dir passt? Dann ist es Zeit für eine Initiativbewerbung; eine Bewerbung, die du einem Unternehmen schickst, obwohl es dazu keine Stellenanzeige ausgeschrieben hat. Du musst nur wissen, bei welchem Unternehmen du gerne tätig werden würdest.

Initiativbewerbungen sind für Unternehmen viel wertvoller, als du vielleicht vermutest. Stellenanzeigen sind für Unternehmen nämlich eine zeit- und kostenintensive Angelegenheit, um die Spitzen des Personalbedarfs abzudecken. So gibt es oft Tätigkeiten und Funktionen, die zwischen den Mitarbeitern hin- und hergeschoben oder Überstunden, die geleistet werden, weil eine weitere Hand fehlt. Oftmals ist dieser Bedarf aber noch nicht ausreichend, um gleich eine neue Stelle auszuschreiben. Oder es fehlt schlicht die Zeit, sich damit auseinanderzusetzen. Wenn jedoch eine Initiativbewerbung eintrifft, könnte das genau der richtige Anstoß sein, um zusätzliches Personal zur Deckung des Bedarfs einzustellen. Manchmal besteht auch kein expliziter Personalmangel. Das Unternehmen könnte jedoch neue Geschäftsfelder oder Aufgaben erschließen, wenn ein kompetenter Mitarbeiter vorhanden wäre.

Aber auch Unternehmen können sich das Personal nicht schnitzen und vielleicht ist einfach kein Mitarbeiter verfügbar, der die Suche nach neuen Mitarbeitern angeht. Deine Initiativbewerbung könnte nun das Interesse wecken, so eine Stelle zu schaffen, und dazu führen, dich zu einem Vorstellungsgespräch einzuladen.

Natürlich ist es auch möglich, dass deine Bewerbung zwar interessant ist, jedoch kein aktueller Bedarf besteht. Selbst dann ist deine Bewerbung nicht umsonst gewesen. Du hast damit Engagement und Eigeninitiative bewiesen. Daher ist die Chance nicht gering, dass deine Daten intern abgespeichert werden und du bei anderer Gelegenheit als Erstes kontaktiert wirst. Aber bis dahin bist du wahrscheinlich schon in deinem neuen Job, weil du dich ja nicht nur bei einem Unternehmen beworben hast.

Nach einer Studie der Fachzeitschrift »Personalwirtschaft« gehen in vielen Management-, Führungs- und Fachtätigkeiten rund 25 % aller Besetzungen auf Initiativbewerbungen zurück.[23] Das ist immerhin jede vierte Stelle, so dass dies eine durchaus

23 personalwirtschaft.de Wolters Kluwer Deutschland GmbH, Köln 2018, S. 12.

lohnenswerte Alternative ist, um an deinen Wunschjob zu kommen. Weil das eine so interessante Alternative ist, wollen wir nun genauer schauen, was du bei einer Initiativbewerbung beachten musst.

Das allerwichtigste Erfolgskriterium einer Initiativbewerbung ist, dass sie auf das Unternehmen zugeschnitten und wahrheitsgemäß ist. Das gilt ebenso für den Lebenslauf und das Anschreiben. Bei einer Initiativbewerbung ist es nicht anders. Wenn du ein Fan von Kettenbriefen bist und ein Anschreiben mehrmals verwenden möchtest, dann ist eine Initiativbewerbung definitiv nichts für dich.

Dein Gegenüber erwartet deine Bewerbung nicht. Deshalb ist es zwingend, ihn sofort für dich einzunehmen. Das gelingt dir am besten mit einem präzisen Bezug zu seinem Unternehmen. Wir sagen das so eindeutig, weil es regelmäßig vorkommt, dass sich Leute für Abteilungen bewerben, die es im Unternehmen gar nicht gibt. Oder ihr Anschreiben so vage formulieren, dass man schon am ersten Satz erkennt, dass das Anschreiben an alle Unternehmen im Umkreis von 250 Kilometern verschickt wurde. So eine Initiativbewerbung ist komplett sinn- und nutzlos.

Wenn du es besser machen willst, berücksichtigst du die folgenden Punkte:

1. Du solltest genau wissen, was du machen möchtest. Eine klare Vorstellung über dein Tätigkeitsgebiet schränkt dich vielleicht etwas ein, andererseits zeigt es deine Entschlossenheit und Zielstrebigkeit. Diese Eigenschaften untermauerst du mit deiner Bewerbung. Außerdem ist es Voraussetzung für Punkt 2.
2. Recherchiere, ob das Unternehmen irgendeinen Bedarf für deine angestrebte Tätigkeit hat. Dabei gehst du wie folgt vor: Finde heraus, was das Unternehmen anbietet oder produziert. Gehe dafür auf die Unternehmenswebsite und schaue dir die Angebotspalette ausführlich an. Als Nächstes informierst du dich auf der Website über den Aufbau des Unternehmens. Welche Abteilungen gibt es und in welchen Städten haben diese ihren Standort. Viele größere Unternehmen haben ihre Abteilungen auf verschiedene Standorte verteilt, und nur weil der Hauptsitz in deiner Stadt ist, heißt das noch lange nicht, dass auch das Marketing oder der Vertrieb dort sitzt. Zahlreiche Hersteller haben ihren Firmensitz in Deutschland, die gesamte Produktion ist jedoch ins Ausland ausgelagert. Das solltest du wissen, bevor du dich bewirbst.

Schaue dir dann den Bereich »Aktuelles« oder »News« an. Mit welchen Themen beschäftigt sich das Unternehmen? Kannst du aus den Meldungen einen potenziellen Bedarf ableiten? Wenn es eine Meldung gibt, dass der Südamerika-Handel ausgeweitet wird, könnte es für dich als Spanisch-Übersetzer Einsatzmöglichkeiten geben. Wenn auf der Website steht, dass der Südamerika-Handel eingestellt wird, könnte dieser Bedarf geringer werden. Es geht also darum, aus den Meldungen abzuleiten, ob zukünftig mehr oder weniger Personalbedarf besteht.

Besuche dann die anderen Social-Media-Kanäle des Unternehmens. Ist es auf Xing, LinkedIn, Facebook, Pinterest, Instagram, Twitter vertreten? Diese Kanäle verbreiten Unternehmensinformationen meistens deutlich schneller als die unternehmenseigene Website. Versuche das, was dort steht, in konkrete Arbeitsmöglichkeiten zu übersetzen. Steht auf Facebook, dass der neue Turnschuh total eingeschlagen ist und jetzt sogar Großmütter diese Schuhe tragen? Du bist zufällig Marktforscher und kennst diese Zielgruppe aus dem Effeff? Dann könnte genau jetzt der Moment sein, in dem das Unternehmen deine Expertise gut gebrauchen kann. Oder das Unternehmen verkündet, dass es eine neue IT-Infrastruktur einrichten wird und dafür einen Millionenbetrag zur Verfügung stellt. Das klingt danach, als gäbe es viel zu tun. Dann könntest du gute Chancen mit einer Initiativbewerbung haben, wenn du aus dem IT Bereich kommst.

Du könntest auch in schlechten Nachrichten eine Jobmöglichkeit für dich erkennen. Wenn ein Lebensmittelhersteller ein Produkt zurückruft, könnte das bedeuten, dass die Qualitätssicherung aufgestockt wird. Oder du das Unternehmen mit deiner Initiativbewerbung dazu anregst, mehr Personal in diese Tätigkeit zu investieren.

Alle diese Beispiele sollen dir als Anregung dienen, wie du Unternehmensnachrichten lesen kannst, um einen Bedarf festzustellen.

1. Formuliere einen Aufhänger. Im Idealfall hast du einen potenziellen Bedarf im Unternehmen aufgedeckt. Auf diesen beziehst du dich bereits im ersten Satz. Um eines unserer Beispiele aufzugreifen: Die Übersetzerin könnte selbstbewusst schreiben, dass sie die neue Fachkraft für die Südamerika-Korrespondenz ist. Wow! Das ist eine Information, die zieht. Die zeigt nicht nur, was du kannst, sondern auch gleich, dass deine Bewerbung exakt auf die Anforderungen des Unternehmens zugeschnitten ist.
2. Finde heraus, wer der Ansprechpartner für dich ist. Das kann die Geschäftsführung sein. Das ist vor allem bei kleinen Unternehmen der beste Weg, bei etwas größeren ist es der Abteilungsleiter. Diese Person gilt es zu überzeugen.

Recherchiere deinen Ansprechpartner im Internet und achte auf die genaue Rechtschreibung des Namens!
3. Rufe das Unternehmen an und frage, ob du eine Initiativbewerbung senden kannst. In einem ersten Telefonat erhältst du bereits eine Menge an Informationen, wie z. B. die Aufgeschlossenheit des Unternehmens für Initiativbewerbungen oder den konkreten Ansprechpartner.
4. Jetzt wird die Bewerbung abgeschickt. Falls du mit dem Unternehmen telefoniert hast, solltest du die Bewerbung am nächsten Tag abschicken. Keinen Tag später, sonst sinkt der Erinnerungswert.
5. Sieben Werktage später rufst du an und fragst nach, ob deine Initiativbewerbung angekommen ist und es vielleicht noch Nachfragen gibt. Wenn das Unternehmen noch nicht dazu gekommen ist, hast du dich mit deinem Anruf in Erinnerung gebracht. Wenn es jemand gelesen hat, erhältst du eventuell sogleich ein Feedback.

Die Reihenfolge dieser Anleitung kannst du selbstverständlich so anpassen, wie es für dich am besten ist. Wenn du lieber damit anfängst, per Telefon im Unternehmen nachzufragen, ob Initiativbewerbungen gewünscht sind, kannst du das gerne tun. Aus unserer Erfahrung lohnt es sich meistens, sich bereits auf dieses Telefonat vorzubereiten. Im Ernstfall fragt dein Gesprächspartner sofort, welchen Mehrwert deine Tätigkeit dem Unternehmen bringt. Dann ist es vorteilhaft, eine präzise Antwort geben zu können.

h) Praktikum

Eventuell hast du in letzter Zeit ein Schulpraktikum für dein Kind organisiert oder ein studentisches Praktikum für den Sohn eines Freundes eingefädelt. Aber für dich selbst? In deinem Alter? Das könnte etwas gewagt wirken. Schließlich möchtest du Geld verdienen und nicht unentgeltlich tätig sein. Wir kennen diese Diskussion. Aber wisch diese Option nicht sofort vom Tisch.

Ein Praktikum könnte für dich in zwei Situationen ein geeignetes Mittel sein, um zu deinem passenden Job zu gelangen:

- Wenn du sehr viele Jahre nicht berufstätig warst und in demselben Bereich wieder tätig sein möchtest, hilft dir ein Praktikum, wieder Arbeitsroutine zu entwickeln und dir Wissen *on the job* anzueignen. Gleichzeitig kannst du herausfinden, ob das immer noch der richtige Job für dich ist. Für einige Wiedereinsteiger ist es geradezu entlastend zu wissen, dass sie in dieser Lernzeit kein Gehalt erhalten.

Ebenso fällt es einem potenziellen Arbeitgeber leichter, dich eine Zeitlang, wir sprechen hier von zwei bis acht Wochen, ohne Gehalt mitlaufen zu lassen.

- Wenn du dich beruflich umorientieren möchtest, könnte ein Praktikum dich zu deinem Ziel bringen. Dann bietet es die Chance, in eine neue Branche hineinzuschauen und die Arbeitsabläufe von innen kennenzulernen. Das hilft erheblich bei der Entscheidung, ob du die Tätigkeit in Zukunft ausüben möchtest. Zugleich sammelst du die ersten Kontakte und Berufserfahrungen.

Wie bei der Initiativbewerbung ist es bei der Bewerbung für ein Praktikum zentral, stichhaltig zu begründen, warum du diese Tätigkeit ausüben möchtest – und was das Unternehmen davon hat. Vergiss nicht: Das Unternehmen hat auch etwas von deiner Lebens- und Berufserfahrung. Du bist kein unerfahrener Schüler, der sich zum ersten Mal bewirbt.

Unser Tipp

Häufig sind es eher kleine und lokal verwurzelte Unternehmen, die sich dazu bereit erklären, einen Praktikumsplatz anzubieten. Versuche, solche Unternehmen als Erste anzusprechen. Wenn das Praktikum geklappt hat, wirst du eine aktuelle Referenz haben und die Bestätigung dafür, was du noch alles kannst und weißt – ein absoluter Energiebooster für das Selbstvertrauen.

i) Externe Personaldienstleister

Manchmal möchte ein Unternehmen den Auswahlprozess für neue Mitarbeiter an externe Dienstleister abgeben. Das ist der Moment, in dem Personaldienstleister ins Spiel kommen. Hierzu gehören Headhunter und Personalberater, die vor allem Personal für die obersten Karriereebenen suchen. Dazu gehören aber auch Personalvermittler und Zeitarbeitsunternehmen, die Fach- und Führungskräfte auf unterschiedlichen Karrierestufen suchen. Wir zeigen dir drei Varianten, wie du Personaldienstleister nutzen kannst, um an den passenden Job zu gelangen.

Headhunter

Du denkst jetzt vielleicht »Headhunter – ist das nicht eine Nummer zu groß für mich?« Das kommt darauf an, wo du hin möchtest. Headhunter besetzen nicht nur Stellen in Aufsichtsräten und Vorständen. Immer häufiger sind sie auch für die Personalsuche für Stellen im mittleren Management verantwortlich. Kennst du einen Headhunter von früher? Aus deiner ersten Berufskarriere? Dann ist jetzt die Zeit, um den Kontakt wieder aufzunehmen. Headhunter sind zwar darauf fokussiert, herausragende Top-Performer zu rekrutieren – und das bist du momentan höchstwahrscheinlich nicht –, aber sie haben häufig auch einen sehr guten Überblick, welchen Personalbedarf Unternehmen haben und wie sich Positionen entwickeln.

Vielleicht kennt oder erfährt der Headhunter von einer Position, die er nicht vermittelt, aber für dich interessant sein könnte. Wenn er weiß, was du möchtest, könnte er dich erinnern und dir einen interessanten Tipp geben. Zugleich machst du dich mit der Kontaktaufnahme auch bei dem Headhunter wieder sichtbar.

Weitere Personalvermittler
Neben Headhuntern gibt es eine Vielzahl weiterer Personalvermittler, die für ihre Unternehmenskunden Fach- und Führungskräfte auf verschiedenen Karrierestufen suchen. Anbieter wie Michael Page, die ursprünglich aus der Personalberatung stammen, oder Manpower und Hays Professional Services, die ursprünglich aus der Zeitarbeit stammen, sind branchenübergreifend und weltweit tätig. Daneben gibt es Personalvermittler, die auf einzelne Branchen oder Positionen spezialisiert sind. Scheue dich nicht, diese Personalvermittler zu kontaktieren, um zu erfahren, inwieweit sie dir weiterhelfen können. Manpower z. B. wirbt explizit damit, auch für Wiedereinsteiger Ansprechpartner zu sein.

In einem persönlichen Beratungsgespräch kannst du erfahren, ob es für dich verfügbare Stellen gibt. Zugleich könntest du diese Gelegenheit nutzen, um die Situation eines Vorstellungsgesprächs zu üben, wenn auch noch nicht direkt beim Arbeitgeber.

Ein weiteres Argument für die Kontaktaufnahme ist, dass Personalvermittler oftmals Kenntnis von freien Positionen haben, die nicht öffentlich ausgeschrieben sind.

l) Zeitarbeit
Mit Zeitarbeit verbinden einige immer noch einfache Büro- und Industrietätigkeiten, die von Leiharbeitern ausgeführt werden. Das ist schon lange nicht mehr der Fall. Die Tätigkeiten reichen heute von allgemeinen bis zu hochspezialisierten Fachkenntnissen, von Aushilfstätigkeiten bis zum gehobenen Management. Sie umfassen sämtliche Branchen. Entsprechend hat sich das Image der Zeitarbeit grundlegend gewandelt. Mittlerweile gibt es Berufstätige, die sich bewusst für ein Zeitarbeitsunternehmen entscheiden, um verschiedene Branchen und unterschiedliche Unternehmen kennenzulernen. Darin liegt auch die Attraktivität von Zeitarbeitsunternehmen

für Restarter, die sich noch nicht festlegen möchten: Es ist eine Möglichkeit, Einblicke in einzelne Branchen und Unternehmen zu erhalten, ohne sich langfristig binden zu müssen.

Da jedes Unternehmen anders organisiert ist, erlaubt dir diese Variante auch herauszufinden, welche Tätigkeiten dich besonders ansprechen. Falls du noch schwankst, welchen Job du machen möchtest, oder noch nicht ganz entschieden bist, könnte diese Arbeitsform zu der Entscheidungsfindung beitragen.

Bei Zeitarbeit kannst du vieles festlegen. Du kannst z. B. den Zeitumfang, Zeitintervalle und Präferenzen in Bezug auf die Branche bestimmen. Manchmal passiert es auch, dass am Ende eines Einsatzes Mitarbeiter in das Unternehmen fest übernommen werden. Die Vorteile liegen auf der Hand: Die Person ist eingearbeitet, versteht sich mit den Kollegen und das Unternehmen konnte sich von ihren Kompetenzen überzeugen.

Auf der anderen Seite stehen Faktoren, die du bei der Zeitarbeit als nachteilig empfinden könntest: Du bist nur zeitweise in einem Unternehmen tätig und hast regelmäßig mit neuen Kollegen und Abläufen zu tun. Je nachdem, was für dein Wohlgefühl wichtig ist, kann das genau das Richtige oder genau das Falsche sein.

6.2 Was solltest du bei Stellenanzeigen beachten?

Wenn man nach längerer Zeit das erste Mal wieder Stellenanzeigen liest, fühlt man sich schnell erschlagen. Es werden so viele differenzierte und anspruchsvolle Anforderungen genannt, dass man sich ernsthaft fragt, wer das alles erfüllen soll. Ganz ehrlich, das geht fast jedem so – nicht nur den Restartern. Aber es geht auch gar nicht darum, alle Voraussetzungen zu erfüllen. Wirklich nicht. Streiche diesen Gedanken sofort aus deinem Kopf. Eine Stellenanzeige ist so etwas wie ein Wunschzettel des Unternehmens. So, wie du früher auf deinen Wunschzettel für Weihnachten alles aufgeschrieben hast, was du gerne bekommen möchtest, so machen das Unternehmen in ihren Stellenanzeigen auch. Sie möchten die bestmögliche Besetzung für ihre Position. Das ist nachvollziehbar. Hättest du ein eigenes Unternehmen würdest du auch den bestmöglichen Kandidaten wollen. Die Unternehmen wissen auch, dass diese Wunschliste selten voll erfüllt wird. Sie erwarten das auch nicht ernsthaft. Aber wünschen darf man sich erstmal alles. Hast du ja früher auch gemacht.

Lass dich also nicht durch die vielen großartigen Formulierungen und Maximalanforderungen in der Stellenanzeige abschrecken. Erst einmal durchatmen und dann ruhig und sachlich die Anzeige durchgehen. Es gibt ein paar Tipps, wie man eine Stellenanzeige liest, so dass sie dann auch weniger überfordernd wirkt.

Die für das Unternehmen wirklich entscheidenden Kriterien stehen immer an oberster Stelle einer Anzeige. Oftmals wird mit den Hard Skills angefangen und dann kommen die Erwartungen an die Soft Skills. Für die Hard und Soft Skills gilt gleichermaßen: Schaue dir die ersten drei Anforderungen an. Wenn du die obersten drei Anforderungen erfüllen kannst, könntest du interessant für das Unternehmen sein.

Je nach Ratgeber gibt es verschiedene Empfehlungen, wie viel Prozent der Anforderungen erfüllt sein sollten, um realistische Chancen zu haben. Die einen sagen 70 %, die anderen 80 %. Nach einer Studie von Talent Works reichen jedoch teilweise auch schon 50 % der Anforderungen aus, um die Stelle zu erhalten.[24]

Im Gegensatz zu Frauen machen Männer genau das. Sie bewerben sich auf Stellen, deren Anforderungen sie oft nur zu 50% erfüllen, und haben Erfolg damit. Frauen agieren häufig anders: Sie halten sich genauer an die Vorgaben und bewerben sich in der Regel erst, wenn sie mindestens 70 bis 80 % der Anforderungen erfüllen. Frauen orientieren sich daran, was sie an Kompetenz objektiv belegen können, Männer daran, was sie sich an Kompetenz zutrauen. Was kannst du daraus für deinen Restart lernen?

Gehe mehr danach, was du dir zutraust, verharre nicht im Abarbeiten genannter Anforderungen. Spätestens jetzt weißt du, warum uns das Thema Zutrauen so am Herzen liegt. Stell nicht das Licht deiner Kompetenz und Leistungsfähigkeit unter den Scheffel. Trau dich!

Nicht zuletzt: Jede Stellenanzeige enthält eine Angabe über den Umfang der Arbeitszeit. Wie du aus an unseren Beispielen gesehen hast, sind diese Angaben nicht in Stein gemeißelt, sondern verhandelbar! Wenn es eine interessante Vollzeitstelle gibt, du aber nur 30 Stunden arbeiten möchtest, solltest du die Chance nutzen und dich bewerben. Auch wenn du nur 25 Stunden arbeiten möchtest, könnte sich ein Anruf lohnen, um zu erfahren, ob ein Jobsharing möglich ist.

---

24 »The Science of the Job Search, Part VII: You Only Need 50 % of Job-Requirements«, Artikel vom 27.11.2018, aufwww.talent.works.

Wenn du in Teilzeit arbeiten möchtest, reduziere dich nicht darauf, Stellenangebote für Teilzeit zu lesen. Die sind häufig nicht so spannend wie andere Jobs. Bewirb dich darauf, was dich interessiert, und suche dann nach Möglichkeiten der zeitlichen Vereinbarkeit.

Du bist auch als Restarter in einer guten Verhandlungsposition. Wir befinden uns in einer Zeit der Vollbeschäftigung und die Rahmenbedingungen sind zurzeit sehr gut. Fach- und Führungskräfte sowie Menschen mit Berufserfahrungen werden überall gesucht! Du gehörst zu diesem Kreis! Deine zahlreichen Erfahrungen und deine aktualisierten Kenntnisse (spätestens jetzt solltest du damit beginnen) sind ein großes Plus.

6.3 3 Tipps für deine Pole Position

Auf eine Stellenanzeige bewerben sich im Schnitt 15 Personen. Mal sind es weniger, bei einigen Unternehmen oder Positionen können es aber auch 100 oder mehr sein. In der Regel nehmen sich Personalentscheider pro Bewerbung 60 bis 90 Sekunden Zeit für die erste Sichtung und Vorauswahl. Sie schauen nach den Qualifikationen und ob die Bewerbung vollständig, plausibel und auf die Position bezogen ist.

Der Lebenslauf wird von ihnen blitzschnell gescannt und eine Lücke im Lebenslauf fällt sofort auf. Leider landet der Lebenslauf in diesem Fall meistens auf der »Absage«-Ablage. Warum das so ist? Was auch dein Grund für die Auszeit war und wie legitim sie auch gewesen ist, dein beabsichtigter Wiedereinstieg wird erst einmal mit unterschwelligen Fragezeichen versehen. Es geht nicht nur um die fachlichen Kompetenzen, wobei das ein relevanter Punkt ist. Es sind auch ganz andere Fragen, die sich der Personalentscheider bei Wiedereinsteigern stellt: Wie schnell kannst du in den Berufsalltag zurückfinden? Möchtest du überhaupt langfristig berufstätig sein oder in einem Jahr wieder aufhören? Bist du bereit, Überstunden zu leisten, wenn es eng wird, oder möchtest du lieber pünktlich nach Hause gehen? Kannst du dich nach der Auszeit wieder leicht in ein Team integrieren? etc.

All das können Überlegungen sein, die Personalentscheider zögern lassen, Wiedereinsteiger für ausgeschriebene Stellen in die engere Wahl zu nehmen. Je größer die Auswahl ist, also deine Konkurrenz, umso eher könnte der Personalentscheider geneigt sein, Personen auszuwählen, die diese Fragezeichen nicht hervorrufen.

Aber mit dem richtigen Vorgehen kannst du dich auch als Restarter in eine aussichtsreiche Position bringen! Wie du aus Kapitel 4 weißt, kannst du schon mit der richtigen Formulierung deines Anschreibens und Lebenslaufs einiges tun, um positiv aufzufallen und möglichen Vorbehalten zu begegnen. Zusätzlich geben wir dir aber noch drei weitere Tipps, mit denen du deine Chancen, in die engere Wahl zu kommen, maßgeblich erhöhen wirst.

Tipp 1: Mit Spezialwissen punkten

Je mehr Spezialwissen du mitbringst, umso geringer ist die Konkurrenz, und das steigert deine Chancen. Falls du z. B. Jurist bist, gibt es ein spezifisches Rechtsgebiet, in dem du dich gut auskennst? Würde es sich lohnen, eine Fortbildung zu machen, um einen Schwerpunkt weiter auszubauen oder mehrere kombinieren zu können? Mit einer Fortbildung würdest du zugleich deine Kompetenzen aktualisieren. Bewirb dich aber auch schon während einer Fortbildung! Unternehmen, die dich interessant finden, nehmen dich in ihre Watchlist auf und du nutzt die Zeit, um Kontakte herzustellen.

Tipp 2: Anruf in der Personalabteilung

Um herauszufinden, inwieweit sich ein Unternehmen vorstellen kann, die vakante Position mit einem Wiedereinsteiger zu besetzten, lohnt sich ein Anruf in der Personalabteilung. Frage nach, welche Kompetenzen erwartet werden, wie viel Reisetätigkeit damit verbunden ist, wie viel Arbeitsstunden realistisch erscheinen, wie das Unternehmen zu beruflichen Auszeiten steht. Erzähle von deinen Qualifikationen und frage, wie erfolgversprechend deine Bewerbung sein könnte. Selbstverständlich wird keiner eine eindeutige Aussage treffen. Du kannst aber sehr gut eine Tendenz herausfinden, wenn du fragst: »Wie geeignet finden Sie diese Position für einen Wiedereinsteiger?« Je nachdem, wie die Antwort ausfällt, lohnt es sich, eine Bewerbung abzuschicken oder es auch bleiben zu lassen – denn du hast nicht endlos Zeit und es gibt auch andere Wege, die zum Ziel führen. Einige Unternehmen bieten keinerlei Möglichkeit, um mit der Personalabteilung vorab ins Gespräch zu kommen. Wenn du dennoch auf jeden Fall genau in diesem einen Unternehmen arbeiten möchtest, empfehlen wir die nächste Möglichkeit.

Tipp 3: Fürsprecher im Unternehmen gewinnen

Personalentscheider möchten mit ihrer Entscheidung sicher gehen. Auch sie haben sich für ihre Entscheidung zu verantworten und wollen Fehler bei der Auswahl vermeiden.

Ein Bewerber ohne berufliche Auszeiten erscheint zunächst qualifizierter als ein Bewerber mit Auszeiten und damit als die risikoärmere Wahl. Das kann jedoch ganz anders aussehen, wenn es jemanden gibt, der für dich als Fürsprecher agiert. Ein Fürsprecher ist eine Person, die dich kennt, die deine Stärken einschätzen kann und belegt, wie gut du bist. Diese Person kann im Unternehmen tätig sein, ebenso gut könnte es sich um einen Geschäftspartner, Berater, Kunden oder auch Lieferanten des Unternehmens handeln. Entscheidend ist, dass dein Fürsprecher dem Personalentscheider mitteilt, dass er dich und deine Kompetenzen kennt und schätzt.

Dieser Fürsprecher soll dir nicht den Job verschaffen, sondern nur ein Türöffner sein. Er setzt sich dafür ein, dass du überhaupt berücksichtigt wirst und ein Vorstellungsgespräch erhältst. Mit dieser Referenz im Hintergrund wird es für einen Personalentscheider viel einfacher, dich als qualifiziert wahrzunehmen und zum Vorstellungsgespräch einzuladen.

Grundsätzlich kann man sagen, je größer und internationaler ein Unternehmen aufgestellt ist, je begehrter und prestigeträchtiger ein Arbeitsplatz ist, umso notwendiger ist es, einen Fürsprecher zu haben, um als Wiedereinsteiger berücksichtigt zu werden.

Gibt es ein Großunternehmen, bei dem du wiedereinsteigen möchtest? Hast du dort bereits einen Kontakt? Nicht? Dann baue dein Netzwerk kontinuierlich in diese Richtung weiter aus. Betrachte dein Netzwerk ohnehin einmal unter dem Gesichtspunkt, wer für dich bei welchem Unternehmen als Fürsprecher auftreten könnte. Wenn du jemanden findest, bei dem du dir das vorstellen könntest, kontaktiere ihn und bitte ihn um ein persönliches Gespräch. Darin erklärst du ihm, warum du unbedingt in diesem einen Unternehmen arbeiten möchtest, und fragst ihn, ob er sich vorstellen könnte, dich zu unterstützen.

6.4 Arbeitszeit ist Verhandlungssache

Wenn das inhaltliche Matching stimmt, sind die Rahmenbedingungen wie Arbeitszeit und -ort fast immer verhandelbar. Lege dich deshalb nicht zu früh darauf fest, wie viele Stunden pro Woche du arbeiten möchtest.

Ein Beispiel: Stell dir vor, du triffst einen ehemaligen Kollegen, der dich fragt, was du beruflich machen möchtest. In deiner Antwort betonst du, dass du zukünftig in Teilzeit arbeiten möchtest, weil du nur 20 Stunden zur Verfügung hast. Der Kollege speichert dann ab, dass du etwas in Teilzeit suchst. Aber stimmt das so? Was wäre, wenn du die Möglichkeit hättest, für ein oder zwei Tage von zu Hause aus zu arbeiten? Oder wenn es eine Beratertätigkeit gäbe, die mal 15, aber auch mal 30 Stunden die Woche umfassen könnte. Würde dich das auch interessieren? Was wäre, wenn es Jobsharing für eine Vollzeitstelle gäbe, du dich dafür aber mit deinem Sharing-Partner abstimmen müsstest?

Diese und noch einige weitere Optionen schließt du aber mit deiner Festlegung, nur 20 Stunden in Teilzeit arbeiten zu wollen, aus. Vor allem aber schließt auch dein ehemaliger Kollege diese Möglichkeiten für dich aus, weil er dich unter »Teilzeit, 20 Stunden« abgespeichert hat.

Vielleicht fallen dir alternative Arbeitszeitoptionen auch selbst gar nicht ein, weil du dich bereits auf einen bestimmten Zeitumfang festgelegt hast. Deswegen solltest du dich nicht in zeitlicher oder örtlicher Hinsicht beschränken, sondern immer offen bleiben. Es gibt heute so ein großes Spektrum an Gestaltungsmöglichkeiten, dass wir gar nicht alle Optionen kennen können. Wenn du in puncto Arbeitszeit aufgeschlossen bleibst, könnte das am Ende das Zünglein an der Waage sein, um dich in den nächsten Job zu bringen.

Aber welche Vor- und Nachteile gehen eigentlich einher mit meinem Wunsch, in Teil- oder Vollzeit zu arbeiten – oder selbstständig, im Büro oder im Homeoffice?

a) Teilzeit

Teilzeit ist eine attraktive Möglichkeit, um wieder berufstätig zu sein, ohne sofort voll in den Job einzusteigen. Stattdessen lässt die Teilzeit einen angemessenen zeitlichen Raum für die Familie bzw. das Privatleben. Teilzeit, das kann alles zwischen 10 und 32 Stunden pro Woche sein. Für die einen ist Teilzeit mit 32 Stunden/Woche das Grauen, für die anderen ist das der ideale Kompromiss, wenn Vollzeit nicht geht.

Die Vorteile von Teilzeit sind das feste Anstellungsverhältnis und ein regelmäßiges Einkommen. Allerdings kann das verfügbare Einkommen nach Steuern und Kosten für zusätzliche Kinderbetreuung gering sein. Das ist zunächst einmal unerfreulich, weil das erste selbst verdiente Geld ein Push für das Selbstbewusstsein ist. Aber mache dir bewusst, dass die Teilzeittätigkeit nur das Startbrett in deine nächste Berufskarriere sein kann.

Teilzeit hat aber auch Nachteile. Das eine ist, wie eben bereits angesprochen, der finanzielle Aspekt. In einigen Unternehmen besteht auch der Hang, Teilzeitkräften weniger Gehalt zu zahlen, als es im Verhältnis zur Vollzeitstelle angemessen wäre. Das Argument lautet, die Teilzeitkraft geht pünktlich. Das ist in den meisten Fällen aber nicht der Fall. Höchstwahrscheinlich machst du deinen Job zu Ende, wenn es im Büro brennt. So war es in deinem ersten Job und so wirst du dich auch in deinem zukünftigen Job verhalten. Dennoch hält sich das Argument hartnäckig. Es gibt aber noch einen anderen Haken und das ist der Inhalt der Tätigkeit. Die Mehrheit der für Teilzeit ausgeschriebenen Stellen ist nicht sehr anspruchsvoll. Es gibt zwar Stellenangebote, die für Voll- und Teilzeit ausgeschrieben sind, aber deren Zahl ist limitiert. Für Führungs- und Leitungsfunktionen ist das Modell Teilzeit immer noch relativ unüblich.

Aber es tut sich etwas. Es gibt Unternehmen wie Tandemploy, die sich engagiert für ein Jobsharing einsetzen. Jobsharing bezeichnet die Aufteilung einer Vollzeitstelle auf zwei Personen, die jeweils in Teilzeit arbeiten. Es gibt Vorreiterunternehmen wie Bayer oder Triumph Maschinen, in denen Führungskräfte in Teilzeit oder im Job-Tandem arbeiten können.

Mache dir diesen Trend zunutze. Wenn du ein Stellenangebot für eine Vollzeitstelle siehst, die genau deinem Kompetenzprofil entspricht, versuche auf jeden Fall im Unternehmen nachzufragen, ob es auch die Möglichkeit für Teilzeit gibt. Manchmal ist das Bewerberprofil so überzeugend, dass die Wochenstundenzahl verhandlungsfähig wird.

Unser Tipp !

Auf der Website von tandemploy.de sind zahlreiche Unternehmen aufgelistet, die Jobsharing anbieten. Wenn dich eine solche Tätigkeit interessiert, ist das eine ideale erste Anlaufstelle, um dich zu informieren.

b) Vollzeit

Bei Vollzeit ist das Arbeitsspektrum größer und breiter gestreut als bei Teilzeit. Die großen Projekte, die spannenden Kunden, die finden sich eher bei Vollzeitstellen. Das höhere Gehalt gibt es sowieso bei Vollzeitstellen.

Je nachdem, wie groß und wie progressiv das Unternehmen ist, variiert der Spielraum für eine individuelle Vereinbarung der Arbeitszeit. Junge und IT-Unternehmen bieten eine Bandbreite an Arbeitszeitmodellen, die Homeoffice, Remote Office und Anwesenheit im Büro auf dich zugeschnitten kombinieren. Bei traditionellen Unternehmen ist das auch immer öfter möglich, aber eventuell wirst du etwas stärker verhandeln müssen.

Nach dem aktuellen Recruitment Report wird die Flexibilität der Arbeitszeitmodelle eines der Top-3-Themen der Zukunft sein. Deshalb spielt die Zeit für dich und hast du gute Chancen auf offene Ohren für deine Vorstellungen zu treffen.

Vollzeit ist aber nicht gleich Vollzeit. Je nach Branche und Unternehmenskultur bedeutet Vollzeit 50 bis 60 Arbeitsstunden pro Woche. Wenn du wieder einmal länger als geplant im Büro bist und um 18 Uhr gehst, während alle anderen noch länger, vielleicht bis 19 oder 20 Uhr bleiben, dann fühlt sich das nicht gut an und schadet dem Arbeitsklima. In einzelnen Branchen kann die 35-Stunden-Woche bereits Vollzeit sein und wenn du einen Vorgesetzten hast, der auf die Einhaltung der Arbeitszeit achtet, wird es selten viel mehr werden. Insofern ist es nicht unerheblich, wie die Arbeitszeitregelung vom jeweiligen Unternehmen gesehen wird. Wie sieht es bei dem Unternehmen aus, das dich interessiert? Wie ist beispielsweise der Umgang mit Familienmüttern und -vätern, die gerne und viel arbeiten, aber auch noch andere zeitintensive Verpflichtungen haben?

! **Gut zu wissen**

Antworten auf diese und ähnliche Fragen liefern Portale für Arbeitgeberbewertungen wie Glassdoor oder Kununu. Auf diesen Portalen berichten aktuelle und ehemalige Mitarbeiter unter anderem, welche Unternehmenskultur gelebt wird, wie die Vereinbarkeit zwischen Beruf und Familie praktiziert wird und welche Gehälter gezahlt werden. Mit wenigen Klicks erhältst du kostenlosen Zugriff auf diese und weitere Daten.

Der Sprung in die Vollzeitstelle ist riesig. Für deine Umgebung, aber auch für dich. Abgesehen von der zeitlichen Umstellung gibt es jetzt einen oder mehrere Vorgesetzte, denen du die meiste Zeit deines Tages rechenschaftspflichtig bist. Daran muss man sich erst einmal wieder gewöhnen, ebenso wie daran, dass freie Tage, Urlaube und Brückentage mit den Kollegen abgesprochen und genehmigt werden müssen.

c) Selbstständigkeit

Der Sprung in ein festes Arbeitsverhältnis könnte zu verpflichtend erscheinen. Oder die angestrebte Anstellung ist immer noch nicht in Sicht. Aus diesen Gründen könntest du erwägen, dich selbstständig zu machen. Du könnest aber auch unabhängig davon die berufliche Selbstständigkeit anstreben, weil es viele Vorteile hat. Du kannst deine Arbeitszeit ebenso wie deinen Arbeitsort relativ frei bestimmen und grundsätzlich selbst entscheiden, wie viele Stunden am Tag du investierst.

Wenn du dich selbstständig machst, bist du ab sofort nicht mehr ohne Arbeit oder arbeitssuchend, sondern eben selbstständig; sei es als Designer, Journalist, Berater, Buchhalter etc. Auf diesem Wege kannst du auf jeden Fall inhaltlich genau das tun, was du dir wünschst, und du kannst deinen Tag immer noch relativ unabhängig gestalten. Wenn du feststellst, dass Selbstständigkeit nicht dein Ding ist, kannst du immer noch in ein Unternehmen wechseln. Mit dem großen Vorteil, über aktuelle Berufserfahrungen zu verfügen.

Selbstständigkeit hat aber auch Tücken. Du akquirierst deine Kunden selbst, du arbeitest überwiegend allein und triffst allein die Entscheidungen. Du brauchst Disziplin, um dich selbst zu organisieren und deine Zeit effizient zu strukturieren. Du brauchst einen langen Atem, denn die Kunden kommen nicht von selbst. Bis der erste Kunde zahlt, vergeht auch wieder etwas Zeit. Dementsprechend wirst du dich zu Beginn aus anderen Quellen finanzieren müssen. Und später, wenn es läuft, wird das Einkommen wahrscheinlich weiter wechselhaft bleiben. Je nach Auftragslage und deinem persönlichen Einsatz. Wenn du auf ein regelmäßiges Einkommen in einer bestimmten Höhe angewiesen bist, ist Selbstständigkeit eher nicht für dich geeignet.

Wenn du sogar ein eigenes Unternehmen gründest, bist du zwar auch selbstständig, aber eine Unternehmerin. Das ist quasi die große Schwester der Selbstständigkeit. Ob du selbstständig oder Unternehmensgründer werden willst, hängt davon ab, was du in welchem Umfang anbieten möchtest. Insbesondere gibt es rechtliche und steuerliche Unterschiede.

Du hast bereits ein vielversprechendes Produkt, aber weißt nicht, wie du es vermarkten und in die Welt bringen kannst? Es gibt bundesweit zahlreiche Beratungsstellen für Unternehmensgründungen, die einen im Hinblick auf Machbarkeit und Finanzierung kompetent beraten.

Noch ist es nur eine Idee? Dann starte einen Probelauf. Viele Städte bieten Businessplan-Wettbewerbe an, bei denen man seine Geschäftsidee schriftlich vorstellen und bewerten lassen kann. Im Rahmen dieser Wettbewerbe gibt es eine Vielzahl von kostenlosen Veranstaltungen zu Marketing, Finanzierung, Vertrieb und Personal, in denen relevantes Fachwissen vermittelt wird. Zudem triffst du auf andere Gründungsinteressierte, mit denen du dich austauschen kannst. Ein Flirren von Ideen und Visionen beherrscht dabei den Raum. Das ist eine sehr inspirierende Atmosphäre und Erfahrung. Aber auch im Internet findest du viele hilfreiche Websites zum Thema Selbstständigkeit. Die wichtigsten haben wir im Anhang aufgeführt.

Ein Unternehmen zu gründen ist in jedem Alter möglich. Du kannst mit 35 Jahren ein Unternehmen gründen, du kannst aber auch mit 55 loslegen. In der Tat gibt es immer mehr Gründungen mit 50plus.

Eine Unternehmensgründung ist allerdings keine One-Man-Show. Selbst wenn du am Anfang vieles selber machst, brauchst du Lieferanten, eine Vermarktung, Zwischenhändler oder Händler, Buchhaltung, Rechtsberatung. Du brauchst eine rechte und später eine linke Hand oder ein Team.

Für den einen ist nichts großartiger, als eine eigene Idee umzusetzen und Stück für Stück zu sehen, wie daraus ein Unternehmen erwächst, das in zwei, drei Jahren erstmals Einkommen für alle generiert. Für den anderen ist es ein Graus, bei nichts anzufangen, Klinken zu putzen, mit der Unsicherheit und dem Risiko umzugehen, ob es gelingen wird. Wenn die Unternehmensgründung langfristig Erfolg haben soll, braucht es viel Energie, Fleiß und deine volle Aufmerksamkeit. Das ist ein Fulltime-Job.

Wie bei der Selbstständigkeit gilt: Wenn du von Beginn an auf ein regelmäßiges Einkommen in einer bestimmten Höhe angewiesen bist, ist auch eine Unternehmensgründung nicht geeignet. Kümmere dich dann vor allem um die Festanstellung und verschiebe den Traum der Selbstständigkeit oder Unternehmensgründung auf einen späteren Zeitpunkt.

Im Anhang haben wir Anlaufstellen für Existenzgründer und die größten Wettbewerber aufgelistet.

Zu Hause oder im Büro?
Heute sind viele Varianten möglich. Schauen wir uns das Beispiel von Susan an:

Beispiel: Susan arbeitet zuhause und gleichzeitig weltweit

Susan betreut für einen großen Pharmahersteller die Marktforschung für eine bestimmte Produktgruppe. Ihr Arbeitstag besteht aus Meetings mit den amerikanischen Kollegen, Besprechungen mit Produktmanagern und Monitoring der Lieferanten. Susan sitzt dafür in ihrem Arbeitszimmer zu Hause und die gesamte Kommunikation läuft über Skype, Slack und das firmeninterne Intranet.
Als sie wieder anfing zu arbeiten, war ihre Tochter erst fünf Jahre alt. Sie wollte sich nicht zwischen Fahrtzeiten ans andere Ende der Stadt und der Kinderbetreuung aufreiben. Deshalb entschied sie sich für das Homeoffice. Die Mittagspause mit netten Kollegen gibt es nicht, dafür aber das Mittagessen mit der Tochter.

Co-Working

Nicht jeder würde sich wie Susan entscheiden. Einige Restarter möchten unbedingt endlich wieder in ein Büro gehen. Dafür muss man aber nicht fest angestellt sein. Die Lösung sind Co-Working Spaces, öffentliche Büros, die mit moderner Technik ausgestattet sind. Jeder kann sich tage-, wochen- oder monatsweise in diesen Spaces einen Schreibtisch oder einen separaten Raum mieten. Co-Working Spaces gibt es von München über Berlin bis in den Harz in großen wie in kleinen Städten. Der Vorteil liegt auf der Hand: Du zahlst weniger, als wenn du dir eigene Räume und eine eigene Ausstattung mietest. Zugleich bist du umgeben von anderen Personen, die den unterschiedlichsten Tätigkeiten nachgehen. Je nach Space tauscht man sich aus, arbeitet zusammen oder hilft sich. Co-Working ist kein Vorrecht der Jugend, mittlerweile sehen alle Altersgruppen den Nutzen und arbeiten in einer solchen Working Community.

Die Fülle an Gestaltungsmöglichkeiten soll dir als Anregung dienen, wie du deine beruflichen Vorstellungen am besten verwirklichen kannst.

Wenn du dich für die Festanstellung entscheidest, lautet das erste Ziel, zum Vorstellungsgespräch eingeladen zu werden. Wie das geht, hast du in Kapitel 4 erfahren. Im nächsten Kapitel schauen wir uns an, wie du in diesem Gespräch überzeugen kannst.

Insights

- Orientiere dich nicht an Stellenbezeichnungen, sondern an Jobinhalten.
- Wenn du 50 % der Anforderungen erfüllst, kann es reichen. Give it a try!
- Stellenanzeigen sind nur ein Weg zu deinem Job – es gibt noch andere.
- Sei offen für die Möglichkeiten der neuen Arbeitswelt.

7 Schritt 7: Eigenmarketing – »Damit ihr es wisst, ich bin die Richtige!«

Das Geheimnis des Erfolgs? Anders sein als die anderen.
Woody Allen

Die eigenen Leistungen hervorzuheben, Erfolge als solche zu benennen, Stärken zu betonen, darum geht es beim Eigenmarketing.[25] Eigenmarketing hat nichts mit Angeben oder Schönreden zu tun, sondern damit, deine Erfahrungen und Kompetenzen souverän zu kommunizieren. Deine Fähigkeiten sind nicht selbstverständlich! Erzähle, was du kannst, und stelle dich positiv dar.

In Kapitel 4 haben wir zum ersten Mal über deine Selbstdarstellung gesprochen. Dein Lebenslauf und deine Berufsstory in 60 Sekunden sind wesentliche Bausteine für dein Eigenmarketing. Vielleicht hast du ja sogar schon einmal geübt, deine Qualifikationen in Insidergesprächen nebenbei einfließen zu lassen. Es gibt aber noch zwei weitere Bausteine, die über ein erfolgreiches Comeback mitentscheiden: das Anschreiben und das Vorstellungsgespräch. So gut wie jeder würde auf diese beiden Bewerbungsbausteine gerne verzichten, aber wir zeigen dir, wie es viel einfacher wird.

Letztlich dient das Anschreiben und auch das Vorstellungsgespräch dazu, dein Gegenüber beruflich und menschlich von dir zu überzeugen. Wie beim Lebenslauf kannst du lernen, dies auf professionelle Weise zu tun. In diesem Kapitel zeigen wir dir, wie das geht. Erst sprechen wir über das Anschreiben (Kapitel 7.1), dann folgt das Vorstellungsgespräch (Kapitel 7.2).

7.1 Das Anschreiben – dein Teaser

Dein Anschreiben ist nichts anderes als ein Teaser. Du möchtest damit den Leser so neugierig machen, dass er dich unbedingt kennenlernen möchte. Das erreichst du am besten, wenn du ihn von deiner Attraktivität als Mitarbeiter überzeugst. Im

25 Burkhard Heidenberger: Eigen-Marketing: Damit ihr es wisst, ich bin super!, Blogpost aufwww.zeitblueten.com.

Wirtschaftskontext bedeutet das: Formuliere auf den Punkt genau, welchen Vorteil das Unternehmen von deiner Mitarbeit hätte. Sobald du den Dreh raus hast, wirst du relativ leicht ein sehr gutes Anschreiben formulieren können, einerlei für welche Stelle du dich bewirbst. Man muss nur wissen, worauf es ankommt und welches Muster einem erfolgreichen Anschreiben zugrunde liegt.

Die Kunst eines gelungenen Anschreibens liegt kurz gesagt in drei Punkten:

1. Du hast eine genau umrissene Vorstellung davon, was das Unternehmen mit deiner potenziellen Mitarbeit erreichen möchte. Ein Beispiel: Unternehmen suchen nicht einen Office-Manager, damit sie jemanden haben, der das Büromaterial verwaltet. Sie suchen einen Office-Manager, damit sie jemanden haben, der allen anderen den Rücken frei hält, für ein reibungsloses Arbeiten sorgt und darüber die Produktivität steigert. Unternehmen suchen immer einen Mitarbeiter, um ein übergeordnetes Ziel zu erreichen. Dieses Ziel herauszufinden ist deine Aufgabe.
2. Du kannst begründen, wie du mit deinen Kompetenzen dazu beiträgst, dieses Ziel zu erreichen. Noch besser ist es, wenn du nicht nur das Ziel bedienen kannst, sondern dem Unternehmen zusätzliche Erfolge ermöglichst. Um das Beispiel mit dem Office-Manager fortzuführen: Wenn du neben Organisation, Koordination und schneller Auffassungsgabe auch noch als »Wohlfühl-Manager« und Konfliktlöser agierst, könnte das für deinen potenziellen Arbeitgeber besonders interessant sein.
3. Du kannst Punkt 1 und 2 kurz und knapp in Worte fassen und im ersten Satz bereits ein pointiertes Statement treffen. Der erste Satz verlangt die volle Aufmerksamkeit und Feinschliff in der Formulierungskunst. So wie dein Gegenüber bereits nach drei Sekunden einen ersten Eindruck von dir entwickelt hat, setzt der erste Satz die Tonalität für alle folgenden Sätzen, in denen du mit Beispielen untermauerst, wie deine Fähigkeiten dem Unternehmen nutzen werden.

Für den Leser deines Anschreibens, also dem Personalentscheider, zählt allein, was du *zukünftig zu leisten vermagst* (und nicht, wie du dich in deiner Auszeit gefühlt hast). Wie du das herausstellst, was dafür wichtig ist und was du unbedingt vermeiden solltest, erklären wir dir in diesem Kapitel Schritt für Schritt.

7.1.1 Was genau sucht dein potenzieller Arbeitgeber?

Das Unternehmen möchte mit deiner Mitarbeit ein übergeordnetes Ziel erreichen. Mehr Umsatz bzw. Gewinn zu machen ist sicherlich auch ein Ziel, aber das wäre zu allgemein gefasst. Spezifischer sind Ziele wie mehr Kunden, neue Produkte oder Dienstleistungen oder eine Qualitätssteigerung. Um herauszufinden, was in deinem Fall das übergeordnete Ziel ist, analysiere als Erstes die Stellenanzeige, für die du das Anschreiben formulierst. Meistens steht im Einführungstext über der Liste der Anforderungen ein Hinweis darauf, in welchem Kontext die Stelle ausgeschrieben wird. Das ist ein erster Anhaltspunkt. Betrachte dann die Liste der gewünschten Qualifikationen. Welche Anforderung steht bei der Stellenanzeige an erster Stelle? Welche an zweiter, dritter und vierter Stelle? Was braucht das Unternehmen - abgesehen von den fachlichen Fähigkeiten - noch? Sucht es einen Teamplayer? Jemanden, der viel reisen soll? Jemanden, der Verantwortung tragen soll oder neue Projekte anschiebt?

Versuche, dich in diese Position hineinzufühlen. Was genau tut eine Person, die diese Position ausfüllt? Was kann sie erreichen bzw. bewirken? Notiere dir deine Gedanken dazu auf einem Notizzettel.

Wenn du ein genaues Bild von der gewünschten Tätigkeit hast, stelle einen Zusammenhang mit dem Unternehmensbereich her, in dem du tätig sein würdest, und dem gesamten Unternehmen. Gehe dafür auf die Website des Unternehmens und schau unter »Aktuelles«: Im Internet kannst du nach aktuellen News und Artikeln zu dem Unternehmensbereich und dem Unternehmen googeln. Suche gezielt nach Informationen über Wachstum, Strategien, Pläne und Zukunftsvorstellungen des Unternehmens. Versuche auch herauszufinden, wie sich dein Unternehmensbereich in Zukunft aufstellen will.

Wenn du dich z. B. bei einem Zeitungsverlag bewirbst, recherchiere, wie das Unternehmen sich zukünftig positionieren will. Will es eine rein digitale Zeitung werden? Plant es, neben einer Zeitung zukünftig auch Veranstaltungen und Messen anzubieten oder sein Wissen für eine Bildungsakademie einsetzen? Alle diese Varianten gibt es. All das könnte zentrale Auswirkungen auf die Position haben, für die du dich interessierst. Für diese Arbeit haben wir eine Checkliste für die Recherche nach Unternehmensdaten erstellt, die du ebenfalls auf mybook.haufe.de (Arbeitshilfe 16) findest. Nutze diese Liste bei jedem Anschreiben, um sicherzustellen, dass du dich möglichst umfassend informiert hast, bevor du mit dem Texten beginnst.

Checkliste: Unternehmensrecherche	
Website und Karrierewebsite des Unternehmen besuchen	
Social-Media-Kanäle: Twitter, Facebook, Instagram, Pinterest checken	
Digitale berufliche Netzwerke besuchen: LinkedIn, Xing	
Videoplattformen besuchen: YouTube	
Arbeitgeber-Bewertungsportale besuchen: Glassdoor, Kununu	
Branchendienste: Horizont.net, electrive.net	

Wenn du eine Vorstellung davon hast, was das Unternehmen mittelfristig erreichen möchte, kannst du den nächsten Schritt gehen: deine Trümpfe zusammenstellen.

!

Unser Tipp

Falls du eine Initiativbewerbung schreiben möchtest, besteht ein hilfreicher Trick darin, sich eine Stellenanzeige vorzustellen, auf die du dich bewirbst. Dadurch wird es einfacher, das Anschreiben zu strukturieren, da du dein Anschreiben als Antwort auf die virtuelle Stellenanzeige konzipieren kannst.

Deine Trümpfe

Was kannst du bieten, um die Herausforderungen des Unternehmens im Rahmen deiner Position zu bewältigen? Sammle alle Kompetenzen, die du einbringen kannst, um die angestrebte Position auszufüllen. Nimm deinen Lebenslauf zur Hand und überlege, welche Hard Skills für diese Position besonders geeignet sind. Diese willst du später im Anschreiben erwähnen.

Das Anschreiben bietet dir im Unterschied zum Lebenslauf die Möglichkeit, auch mit deinen Soft Skills zu trumpfen! Jetzt kannst du deine Stärken einbringen, die du in der Berufspause weiterentwickelt hast. Überlege, welche deiner Soft Skills für diese Tätigkeit besonders wichtig sind. Bereits in Kapitel 4 hattest du dir darüber Gedanken gemacht, und jetzt gilt es, diese Trümpfe auszuspielen. Erwähne explizit im Anschreiben, wie motiviert, durchsetzungsstark, lösungsorientiert, flexibel etc. du bist – je nachdem, welche Eigenschaft benötigt wird.

Neben den Soft Skills hast du möglicherweise einen weiteren Trumpf, der zunehmend wichtiger wird: den Cultural Fit. Cultural Fit bezeichnet die Übereinstimmung in grundlegenden Werten und bestimmten Verhaltensweisen zwischen Mitarbeitern und Arbeitgeber.[26] Ein positives Beispiel hierfür ist eine Person, die sich bewusst ernährt und in einem Unternehmen arbeitet, das vegane Ernährung herstellt. Ein negatives Beispiel für (fehlenden) Cultural Fit ist eine Person, die sich für weniger Autoverkehr einsetzt und bei einem Automobilhersteller arbeitet.

Unternehmen, für die der Cultural Fit wichtig ist, rekrutieren ihre Mitarbeiter nach dem Prinzip: »Hire for attitude, train for skill«.[27] Mit anderen Worten: »Wähle deine Mitarbeiter nach deren Haltung aus und bringe ihnen die Fertigkeiten bei.«

Überlege dir, welche Werte für das Unternehmen wichtig sind, und versuche, diese zu formulieren. Wo gibt es Schnittmengen? Wenn es dir schwerfällt, Soft Skills und den Cultural Fit zu formulieren, versetze dich einmal in die Lage des Personalentscheiders, der die Stellenanzeige aufgegeben hat. Welcher Bewerber würde dich interessieren, wenn du an seiner Stelle wärest? Sag jetzt nicht, ein anderer, der mehr Qualifikationen oder keine Lücke im Lebenslauf hat. Das trifft es nicht. Was müsste ein Bewerber anbieten, damit du ihn zu einem Vorstellungsgespräch einladen würdest? Welche Soft Skills sollte die Person mitbringen? Wie sollte sie zu der Unternehmenskultur passen? Und wie wichtig wären dir fachliche Qualifikationen? Was hat langfristig einen höheren Stellenwert? Wenn du diese Übung gemacht hast, gelingt es dir viel leichter, deine Skills auszuwählen.

Damit ist die Vorarbeit für dein Anschreiben abgeschlossen. Noch hast du jedoch nur Fakten aufgelistet. Nun geht es darum, die richtige Dramaturgie in dein Anschreiben zu bringen.

7.1.2 AIDA – die Zauberformel für dein Anschreiben

Die Zauberformel für dein erfolgreiches Anschreiben lautet AIDA. Die AIDA-Formel ist ursprünglich für die Werbebranche entwickelt worden und gilt mittlerweile als guter Leitfaden, um ein erfolgreiches Anschreiben zu formulieren.

26 Christoph Athanas, Studie: »Cultural Fit im Recruiting – wichtiger Trend oder nur Erbsenzählerei?«, auf www.zukunft-persoal.com vom 21.07.2016.
27 Ebd.

Die AIDA Formel bedeutet im Einzelnen:

A steht für Attention (Aufmerksamkeit)
Personaler entscheiden innerhalb von Sekunden, ob sie dein Anschreiben interessant finden. Deswegen ist es so wichtig, direkt mit dem ersten Satz Aufmerksamkeit zu erregen. Die kannst du gewinnen, indem du überraschst (weil du z. B. direkt die Antwort auf deren wichtigstes Bedürfnis lieferst), etwas Witziges oder Kontroverses schreibst oder eine gute Frage stellst.

I steht für Interest (Interesse)
Damit hast du die Aufmerksamkeit des Personalentscheiders schon mal gewonnen. Jetzt gilt es, sein Interesse zu wecken. Dafür solltest du kurz und knackig deine entscheidenden Erfahrungen und Kompetenzen darlegen.

D steht für Desire (Verlangen)
Der Personalentscheider wird dich nur einladen wollen, wenn du einen Mehrwert für das Unternehmen bringen kannst. Zeig ihm also, worin der Benefit liegt, dich im Team zu haben.

A steht für Action (Los geht's)
Jetzt machst du dem Personalentscheider kurz klar, dass du darauf brennst loszulegen, so dass der Personalentscheider nicht anders kann, als dich in die engere Wahl zu nehmen und einzuladen.

In dieser Phase deiner Bewerbung möchtest du nur zu einem Vorstellungsgespräch eingeladen werden. Der Personalentscheider muss dir den Job noch nicht geben. Darum geht es erst im Vorstellungsgespräch.

7.1.3 Bestandteile deines Anschreibens

Das Anschreiben hat einen streng formalen Aufbau. Wir sehen leider immer wieder, dass schon bei der Gliederung unnötige Fehler gemacht werden. Dabei lassen sich diese ganz leicht vermeiden.

Dein Anschreiben ist maximal eine DIN-A4-Seite lang. Ideal ist eine gut lesbare Schrift wie Times New Roman oder Arial und eine Schriftgröße von 11 bis 12 pt. Wenn du dich für eine Schrifttype und Größe entschieden hast, verwende diese durchgängig in deinen Bewerbungsunterlagen.

Der Briefkopf

Der Briefkopf enthält den vollständigen Absender, den vollständigen Empfänger, wie in der Stellenanzeige angegeben, das Datum und die Betreffzeile. Der Abstand zwischen diesen Elementen ist ebenfalls standardisiert, so steht z. B. das Datum immer rechts. Es werden auch immer alle deine Kontaktdaten angegeben, was es dem Leser einfach macht, mit dir ins Gespräch zu kommen.

In Kapitel 9.1 haben wir ein Musteranschreiben abgedruckt.

Die Anrede

Der Inhalt des Anschreibens beginnt mit der Anrede. Am besten ist es, wenn du einen konkreten Ansprechpartner hast. Bitte achte hier sehr genau auf die richtige Schreibweise des Namens. Checke das lieber zweimal! Es ist immer noch Standard, dass man die Anrede »Sehr geehrte/r Frau/Herr …« wählt. Solltest du keinen konkreten Ansprechpartner finden, musst du auf »Sehr geehrte Damen und Herren« zurückgreifen.

Der erste Satz

Danach kommt der Hauptteil des Anschreibens, sozusagen das Herzstück. Überlege, wie und wodurch du deinen Leser (meistens den Personalverantwortlichen) für dich gewinnen kannst. Die Ausgangslage ist klar: Das Unternehmen hat einen Bedarf und diejenigen Bewerber, die diesen Bedarf am ehesten decken können, werden zu einem Vorstellungsgespräch eingeladen. Du erzielst die höchste Aufmerksamkeit, wenn du schon im ersten Satz eine Antwort auf diesen Bedarf geben kannst. Dabei mag es dir so vorkommen, als wenn du mit der Tür ins Haus fällst – gut so! Wenn du diesen Eindruck bei deinem ersten Satz hast, ist er mit ziemlicher Sicherheit gut. Denn das sind Mitarbeiter, die jeder gerne hätte. Menschen, die sich ernsthaft mit den Anforderungen des Unternehmens beschäftigt haben, auf diese direkt eingehen und konkrete Lösungen anbieten.

Der immer wieder in Anschreiben verwendete erste Satz »Hiermit bewerbe ich mich als …« ist übrigens ein No-Go! Bitte, schreibe *niemals* diesen Satz. Er ist komplett überflüssig, weil er sich aus dem Betreff ergibt, und nichts langweilt den Personalentscheider mehr als überflüssige Informationen. Vergiss nicht, dass der Personalentscheider jeden Tag zahlreiche Anschreiben liest und 90 % davon fangen mit ähnlich langweiligen Sätzen an. Wenn du also positiv aus der Menge der Bewerber herausstechen möchtest, machst du es, wie oben beschrieben.

Der Hauptteil

Im zweiten Satz lieferst du die Antwort auf das zweitgrößte Bedürfnis des Unternehmens und im dritten auf das drittgrößte und im vierten auf das viertgrößte. Erwähne generell nur diejenigen Qualifikationen, die für diese Stelle von Bedeutung sind. Wenn du über Fähigkeiten verfügst, die nicht in der Stellenanzeige genannt wurden, aber für die Stelle nützlich sein könnten, darfst du diese auch nennen. Du musst dann aber belegen, warum du meinst, dass sie nützlich sind. Damit zeigst du, dass du mitdenkst. Und auch das mögen Unternehmen.

Deine aufgeführten Qualifikationen und Kompetenzen wirken glaubwürdiger, wenn du sie durch Beispiele aus deiner Berufspraxis belegst.

! **Formulierungsbeispiel**

»In meiner vorherigen Tätigkeit als Sales Manager war es meine Aufgabe, die Koordination und Leistungserbringung von zehn Mitarbeitern zu gewährleisten.«

Wenn du diese Aussage jetzt noch mit den Anforderungen aus der Stellenanzeige kombinierst, ist es ideal. Dies kannst du z. B. machen, indem du folgenden Satz hinzufügst:

! **Formulierungsbeispiel**

»Dadurch habe ich die notwendige Übersicht und Erfahrung, um in Ihrem Sales-Team innerhalb der nächsten sechs Monaten tragfähige Strukturen und Konzepte zur Performancesteigerung aufzubauen«.

Frage dich bei jedem Satz: Was kann ich bieten und welchen Mehrwert bringt das dem Unternehmen?

Belege auch deine Soft Skills mit Beispielen. Ansonsten ist es nur eine Behauptung. So behauptet jeder zweite Bewerber von sich, dass er teamfähig sei. Aber woran macht er das fest? Statt nur zu behaupten, dass du teamfähig bist, wäre folgende Formulierung viel überzeugender:

Formulierungsbeispiel !

»In meiner vorherigen Tätigkeit als Sales-Manager eines zehnköpfigen internationalen Teams konnte ich bereits meine Stärke unter Beweis stellen, unterschiedliche Menschen, Charaktere und Meinungen erfolgreich zusammenzuführen.«

Durch diese Formulierung ist jedem klar, dass du sehr kooperativ, offen und teamfähig sein musst, ohne dass du einmal das Wort »teamfähig« verwendet hast. Wenn also bestimmte Eigenschaften in der Stellenausschreibung gefordert werden (und Teamfähigkeit ist fast immer dabei) überlege dir, wie du diese Eigenschaften durch bisheriges Verhalten belegen kannst, ohne die Eigenschaft als solche zu nennen. Sie muss sich logisch aus deinem Beispiel ergeben.

Der Schlusssatz
Im Schlusssatz möchtest du noch einmal deine Entschlossenheit belegen. Schreibe nicht »Ich würde mich über eine Einladung zu einem Vorstellungsgespräch freuen«. Formuliere stattdessen aktiv »Ich freue mich über eine Einladung zu einem Vorstellungsgespräch«. Das klingt selbstbewusst.

Unterschrift
Ebenso wie der Lebenslauf wird auch das Anschreiben mit einer handschriftlichen Unterschrift abgeschlossen. Wenn das Anschreiben digital erstellt wird, scannst du die Unterschrift einmal und fügst sie dann in jedem Anschreiben digital ein.

Anlagen
Wenn du Unterlagen wie Lebenslauf und Zeugnisse mitschickst, schreibst du unter deiner Unterschrift das Wort »Anlagen«. Dadurch weiß jeder, dass es auf den folgenden Seiten weitere Informationen zu dir gibt.

Wie man schwierige Punkte anspricht
Es gibt drei Punkte im Anschreiben, die immer wieder zu Fragen führen:

a) Lücke im Lebenslauf / Berufspause
Mit dem Anschreiben möchtest du den Leser neugierig machen und von dir überzeugen. Erwähne die Lücke, aber rechtfertige sie nicht. Der Personalentscheider beurteilt dich nicht nach deiner Auszeit, sondern danach, ob und wie du das

Unternehmen zukünftig unterstützen kannst. Wie du deine Auszeit im Anschreiben erwähnen könntest, zeigt das folgende Formulierungsbeispiel:

> ! **Formulierungsbeispiel**
>
> *»Obwohl mein Fokus in den letzten fünf Jahren vor allem auf meiner Familie lag, habe ich mich über die Branchentrends auf dem Laufenden gehalten und hierzu Veranstaltung x und Seminar y besucht.«*

b) Gehaltsvorstellungen

Wenn das Unternehmen explizit in der Stellenanzeige nach deinen Gehaltsvorstellungen fragt, solltest du darauf eingehen. Erkundige dich im Bekanntenkreis oder im Internet nach dem Durchschnittseinkommen für eine Vollzeit- bzw. Teilzeittätigkeit in diesem Job.

> ! **Unser Tipp**
>
> Digitale Plattformen wie Gehalt.de geben einen guten Überblick über Durchschnittsgehälter und Gehaltsspannen für eine Vielzahl von Berufen. Auf Arbeitgeberbewertungsplattformen wie Glassdoor.de kannst du teils sogar Gehaltsangaben für einzelnen Unternehmen erhalten.

Gib immer nur das Brutto-Jahreseinkommen an. Wenn du dir nicht sicher bist, kannst du auch eine Gehaltsspanne nennen. Das gibt dir Spielraum für Verhandlungen und das Unternehmen erkennt daran deine Kompromissbereitschaft.

> ! **Formulierungsbeispiel**
>
> *»Meine Gehaltsvorstellungen liegen zwischen 50.000 und 60.000 Euro brutto p. a.«*
> Wenn du dir ganz unsicher bist, kannst du auch schreiben:
> »Meine Gehaltsvorstellungen orientieren sich an den branchenüblichen Gehältern.«

c) Eintrittstermin

Auch hier gilt: Nur wenn hierzu etwas in der Stellenanzeige steht bzw. gefragt wird, erwähnst du es in deinem Anschreiben. Wenn möglich, verwende hier lieber allgemeine Formulierungen als ein genaues Datum.

> ! **Formulierungsbeispiel**
>
> *»Ein kurzfristiger Einstieg ist mir möglich.«*

7.1.4 Fünf typische Fehler im Anschreiben

Es gibt eine Reihe von typischen Fehlern im Anschreiben, die wir in der folgenden Tabelle zusammengefasst haben. Wenn du diese Punkte beachtest, wirst du ein attraktives Anschreiben formulieren.

Typischer Fehler	Kommentar
Kein Bezug zur Stellenanzeige	Pauschale, unspezifische Anschreiben erwecken den Eindruck mangelnder Motivation und werden meistens aussortiert.
Unpassendes Wording	Superlative und Anpreisungen sind ebenso unangebracht wie Konjunktive. Vermeide »hätte«, »würde«, »könnte«.
Lange, komplizierte Sätze	Du bewirbst dich nicht für einen Thomas-Mann-Wettbewerb. Schreibe kurze und aussagekräftige Sätze. Überprüfe nach jedem Satz, ob er eine neue Information enthält, die für die Stelle wichtig ist.
Fehlerhafte Rechtschreibung	Prüfe dein Anschreiben mehrmals auf richtige (neue) Rechtschreibung und achte vor allem darauf, den Namen der Firma und des Ansprechpartners richtig zu schreiben.
Zeitliche Angaben	Vermeide im Anschreiben die Angabe von zeitlichen Daten (»In meiner vorherigen Tätigkeit als Sales-Manager von Mai 2010 bis November 2014«) Diese Daten sind im Anschreiben überflüssig, da hierfür der Lebenslauf da ist. Dieser muss übrigens dasselbe Datum wie das Anschreiben haben!

Der Weg zum Empfänger

Nachdem du dein Anschreiben fertiggestellt hast, müssen die Unterlagen auch zum Adressaten gelangen. Die häufigste Art der Bewerbung ist die Bewerbung per E-Mail. Bei der Bewerbung per E-Mail wandelst du dein Anschreiben – wenn gefordert, auch dein deinen Lebenslauf und deine Zeugnisse – in ein PDF-Format um. Das macht jedes moderne Textverarbeitungsprogramm. Den Dateien gibst du einen eindeutigen Dateinamen, beispielsweise: *Anschreiben_Nele_Neustart.pdf* oder *Lebenslauf_Nele_Neustart.pdf*. So ist für jeden ersichtlich, worum es geht.

Diese Dateien werden dann als Anlage an eine E-Mail gehängt. Nutze dafür eine neutrale E-Mail-Adresse. Am besten mit Vor- und Nachnamen. Also nicht »coolevibes@web.de«, sondern lieber »susanne.mueller@web.de«. Solltest du noch keine neutrale E-Mail-Adresse besitzen, lege dir eine Adresse zu, die du nur für Bewerbungen nutzt.

Da dein Anschreiben nur als Anlage der E-Mail versendet wird, fragen sich viele, was sie in der E-Mail selbst schreiben sollen. Diese E-Mail kannst du wirklich kurz halten. Sie dient nur als Entrée für deine Bewerbung. Allerdings ist der Betreff der E-Mail dafür umso wichtiger. Denn er wird zuerst gelesen und vermittelt den allerersten Eindruck. Wenn du dich auf eine konkrete Stellenanzeige bewirbst, sollte das Wort Bewerbung und die Stellenanzeige genannt werden. Dadurch kann deine Bewerbung gleich richtig zugeordnet werden. Falls du dich initiativ bewirbst, erwähne auch das Wort Bewerbung und die Position, für die du dich bewerben möchtest. Am Ende der E-Mail steht dann dein Name, deine Adresse und deine Telefonnummer.

Auch wenn es nur eine E- Mail ist, sie muss in dem gleichen professionellen Ton verfasst sein, wie deine übrigen Unterlagen. Verzichte also auf Smileys, Abkürzungen und durchgehende Kleinschreibung.

7.2 Das Vorstellungsgespräch – it's Showtime

Oftmals löst der Gedanke an ein Vorstellungsgespräch Unbehagen aus. Viele von uns werden schon ihre Erfahrungen mit Vorstellungsgesprächen gemacht haben. Unabhängig davon, wie gut oder schlecht diese Erfahrungen waren, empfinden es die meisten als Prüfungssituation. Die Frage, ob man im Gespräch überzeugen kann, zieht sich durch die gesamte Vorbereitung. Insbesondere wenn du eine längere Berufspause hattest und jetzt als Wiedereinsteiger zurück in den Job willst, wird dich diese Frage wahrscheinlich noch etwas mehr beschäftigen.

Bevor du dir darüber den Kopf zerbrichst, realisiere erst einmal, was die Einladung zu einem Vorstellungsgespräch bedeutet. Sie bedeutet, dass du mit deinem Lebenslauf, deinem Anschreiben und vor allem mit deinen Fähigkeiten überzeugen konntest und ein potenzieller Anwärter auf den Job bist. *Deswegen* bist du in die engere Auswahl gekommen. Glückwunsch! Das ist ein Meilenstein auf deinem Weg zurück in den Job und ein Grund zur Freude.

Wir betonen das so, weil es zum einen ein toller Erfolg ist, aber mehr noch, weil es dich darin unterstützt, mit der richtigen Einstellung in ein Vorstellungsgespräch zu gehen.

Angst und Sorge sind keine guten Begleiter

Freu dich über deinen Erfolg, so weit gekommen zu sein, und auf eine neue Erfahrung. Auf die Chance, die du bekommst. Völlig unabhängig vom Ausgang des Gesprächs. Das Vorstellungsgespräch findet statt, weil der Personalentscheider sich für dich interessiert und erfahren will, ob ihr zusammenpasst.

Ob du letztendlich der oder die Auserwählte sein wirst, hängt von mehreren Faktoren ab: deinen Skills, dem Cultural Fit, der Konkurrenz und wie du dich präsentierst. Einige dieser Faktoren kannst du nicht beeinflussen, aber die Art und Weise, wie du dich präsentierst, kannst du maßgeblich selbst steuern.

Auf den folgenden Seiten zeigen wir dir, wie du im Vorstellungsgespräch brillierst und deine zahlreichen Talente und Kompetenzen überzeugend darlegst. Wir geben dir Beispiele an die Hand, die zeigen, wie du deine Antworten so formulieren kannst, dass deine Attraktivität für dein Gegenüber kontinuierlich steigt.

Jeder kann ein erfolgreiches Vorstellungsgespräch führen. Dafür benötigst du keine besonderen Fähigkeiten oder ausgewiesenen Talente. Der Schlüssel hierfür liegt allein in einer fundierten Vorbereitung. Denn worum geht es im Vorstellungsgespräch? Der Fokus in diesem Gespräch liegt darauf, zwei Aspekte deiner Persönlichkeit näher zu beleuchten:[28]

- deine fachliche Eignung
- deine Motivation

Deine grundsätzliche Eignung erkennst du an der Einladung zum Gespräch. Jetzt gilt es, diesen ersten Eindruck aus deiner schriftlichen Bewerbung zu festigen und vor allem, deine Motivation besser kennenzulernen. Damit du deine Motivation für dich überprüfen und reflektieren kannst, stelle dir zunächst folgende Frage:

---

28 Tobias C. Meier, 2015, S. 9.

Warum will ich in dieser Branche, in diesem Unternehmen, in genau dieser Position arbeiten?

Die Antwort »Ich möchte wieder arbeiten« oder »Ich muss Geld verdienen« oder »Der Fahrtweg ist kurz« etc. reicht nicht aus. Auch wenn dahinter eine große Motivation für dich stecken mag, ist das nicht die Antwort, die ein Personalentscheider hören möchte. Denn es klingt, als wäre es dir fast egal, bei welchem Unternehmen du arbeitest, solange nur diese Kriterien erfüllt sind. Der Personalentscheider möchte aber den Eindruck gewinnen, dass du dich ganz gezielt für diese Position, dieses Unternehmen und diese Branche entschieden hast und sehr viel dafür tun würdest, um die Position auszufüllen.

Eine gute Antwort auf die Motivationsfrage zeigt daher, warum die angestrebte Position eine schlüssige Fortsetzung deiner bisherigen Qualifikationen ist. Nur wenigen gelingt es, eine solche Antwort aus dem Stand zu formulieren. Deswegen erklären wir dir nun im Einzelnen den Ablauf eines Vorstellungsgesprächs. Wir sagen dir, worauf es in der jeweiligen Situation ankommt, welche Fragen warum gestellt werden. Wir zeigen dir Lösungen, wie du das Vorstellungsgespräch gekonnt meisterst.

Vorbereitung auf das Vorstellungsgespräch

Auch für die Vorbereitung deines Vorstellungsgesprächs gilt: Verschaffe dir so viele Informationen zu dem Unternehmen und der angestrebten Position wie möglich. Das Procedere kennst du bereits von der Arbeit am Lebenslauf und dem Anschreiben und wahrscheinlich wirst du deswegen schon etliche Informationen über dieses Unternehmen gesammelt haben. Je nachdem, wie viel Zeit zwischen deiner Bewerbung und der Einladung zum Gespräch vergangen ist, checke noch einmal die aktuellsten News zum Unternehmen. Vor welchen Herausforderungen steht es, welche Pläne für die Zukunft gibt es, wie sieht die strategische Ausrichtung aus?

Als Nächstes informiere dich, wer deine Gesprächspartner sind. Kennst du die Namen? Schaue dir von jedem Gesprächspartner das Berufsprofil auf Xing oder LinkedIn an. Finde heraus, welche Position sie bekleiden, wie ihr Berufsweg aussah, wie lange sie im Unternehmen sind und ob es Gemeinsamkeiten gibt. Hieraus können sich Anknüpfungspunkte im Gespräch ergeben.

Gibt es jemanden aus deinem Netzwerk, der in dem Unternehmen arbeitet? Oder in einem anderen Unternehmen eine vergleichbare Position innehat? Dann ist jetzt der

Zeitpunkt gekommen, um diese Person anzusprechen und sie zur Branche oder dem Unternehmen zu interviewen. Versuche auch, möglichst viele Informationen über die Abteilung zu sammeln, in der du arbeiten wirst. An welchen Projekten arbeiten sie, wer würde dein Vorgesetzter sein, mit welchen Abteilungen wird zusammengearbeitet? Was sind die gegenwärtigen Herausforderungen für die Abteilung?

Diese Informationen helfen dir, ein differenziertes Bild von dem Unternehmen, der Branche und dem Job, für den du dich beworben hast, zu erhalten. Ein guter Personalentscheider erkennt sofort an der Art und Weise, wie du über das Unternehmen und die Branche sprichst, ob du deine Hausaufgaben gemacht hast oder nicht. Da immer noch viele Kandidaten diese Vorarbeit vernachlässigen, hast du dadurch schon einen Vorteil gegenüber deinen Mitbewerbern. Eine auf aktuellem Wissen zum Unternehmen beruhende kluge Frage kann sehr viel Eindruck hinterlassen!

Sobald du einen guten Überblick zu diesen Themen hast, nimm noch einmal deinen Lebenslauf zur Hand und schaue ihn dir sorgfältig an. Was dort steht, solltest du im Schlaf erzählen können. Von oben nach unten und umgekehrt.

Als Nächstes checke deine Selbstdarstellung: Hast du deine »Berufsstory in 60 Sekunden« erstellt? Übe diese, bis du sie wie selbstverständlich erzählen kannst. Großartig wäre es, deine Berufsstory mit den Anforderungen des Unternehmens zu verbinden.

Wenn du diese Vorarbeit geleistet hast, bist du schon sehr gut gerüstet. Wahrscheinlich wird aber trotz intensiver Vorbereitung eine gewisse Nervosität bleiben. Das ist menschlich und hat auch Vorteile – es hält dich wach und aufmerksam. Durch eine intensive Vorbereitung wirst du im Vorstellungsgespräch kein Nervenbündel mehr sein und kannst auf Unerwartetes sehr viel souveräner reagieren. Das kann zum Schluss den Ausschlag geben.

Dein Auftritt: Outfit und Körpersprache

Wir werden immer wieder danach gefragt, was man zum Vorstellungsgespräch anzieht. Grundsätzlich gilt: Der erste Eindruck prägt. Dieser entsteht aus der Verbindung zwischen deinem Outfit und deiner Körpersprache. Selbstverständlich sollte deine Kleiderwahl zu dem Unternehmen passen. Aber es geht auch darum, sich in seinem Outfit wohlzufühlen. Das ist ein beachtenswerter Punkt. Denn wenn wir uns in unserem Outfit großartig fühlen, strahlen wir das auch aus. Woher weiß ich jedoch, welcher Dresscode zu dem Unternehmen passt?

Am einfachsten ist es, sich bei der Auswahl der Kleidung daran zu orientieren, was im Unternehmen getragen wird. Der Satz »Konservative Unternehmen tragen konservative Kleidung und kreative Unternehmen tragen legere Freizeitkleidung« gilt so strikt schon lange nicht mehr. Vielmehr gibt es heutzutage selbst bei klassischen Konzernen Abteilungen, in denen alle mit Sneakers herumlaufen.

Ein guter Anhaltspunkt um herauszufinden, wie deine zukünftigen Kollegen herumlaufen, ist zum einen die Website des Unternehmens, aber auch auf sozialen Kanälen wie Facebook, Pinterest, Instagram oder LinkedIn findet man Fotos von Firmenveranstaltungen, die weiterhelfen können. Indem du dich mit deiner Kleidung an das Unternehmen anpasst, signalisierst du bereits auf den allerersten Blick, den Spirit des Unternehmens erfasst zu haben.

Deine Körpersprache

Die Art deiner Kleidung in Kombination mit deinem Auftreten beeinflussen gleich zu Beginn den Gesamteindruck, den du hinterlässt. Schon wenn du den Raum betrittst, in dem das Gespräch stattfindet (das gilt auch für Telefoninterviews), achte darauf, dass deine Körpersprache offen ist und du einen entspannten Gesichtsausdruck hast. Versuche zu lächeln. Denn der erste Blick gilt immer deinem Gesicht. Dein Lächeln sollte natürlich und nicht aufgesetzt sein und deine positive Ausstrahlung unterstreichen.

Dasselbe gilt auch für deine übrige Körpersprache, sobald du dich hingesetzt hast. Bleib aufrecht in deiner Haltung, lehne dich nicht nach vorne, halte die Schultern geöffnet und verschränke nicht die Arme. Deine Hände sollten nicht in der Hosentasche verschwinden, du kannst sie entspannt auf den Beinen oder auf den Tisch ruhen lassen. Wenn du stehst, verschränke die Hände nicht, sondern lege sie ineinander oder halte sie locker neben deinem Körper. Damit das Ganze nicht künstlich wirkt, macht es durchaus Sinn, zu Hause vor dem Spiegel verschiedene Positionen zu üben, bis du eine souverän wirkende Haltung gefunden hast.

Last but not least, achte darauf, mit allen Gesprächspartnern im Blickkontakt zu sein. Diese kleinen, scheinbar belanglosen Details haben einen großen Einfluss auf deinen Gesamteindruck. Dieser sollte eines signalisieren: Du bist selbstbewusst und aufgeschlossen. Selbst wenn du dich nicht danach fühlst – hier geht es auch um eine gute Show.

7.2.1 Der Ablauf des Vorstellungsgesprächs

Deine Vorstellung beginnt mit dem Eintreten in das Gebäude – also eventuell an der Rezeption oder dem Empfang. Sei von Anfang an zu jedem höflich und freundlich. Auch wenn das für dich selbstverständlich ist, in der Aufregung könnte man weniger achtsam sein.

Schauen wir uns nun an, wie der Ablauf eines typischen Bewerbungsgesprächs aussieht. Ein typisches Vorstellungsgespräch dauert in der Regel 45 bis 90 Minuten. Anwesend sind der Personalverantwortliche und jemand aus dem Team oder der Abteilung, für die du dich beworben hast.

Warm-up

Die ersten Eindrücke entstehen, wenn du hereingebeten wirst und das Warm-up beginnt. Personalentscheider wissen um deine Nervosität und wollen dir erstmal helfen, deinen Puls in den Normalbereich zu bringen, und eine entspannte Atmosphäre herstellen. Deswegen beginnt das Gespräch mit Small Talk. Sie könnten dich etwa fragen, wie du hergefunden hast, wie das Wetter ist oder wie es dir geht. Auch wenn es in dieser Phase um Small Talk geht, gehört sie schon zum Interview und dient dazu, erste Eindrücke von deiner Sozialkompetenz zu gewinnen. Deswegen solltest du auf diesen Small-Talk mit derselben Verbindlichkeit eingehen, wie auf alle anderen Fragen. Deine Antworten und sollten nicht zu knapp ausfallen, aber keine detaillierten Beschreibungen deiner eventuell wirklich komplizierten Anfahrt enthalten. Gerne kannst du hier auch schon erste positive Akzente setzen, indem du z. B. so etwas sagst, wie: »Vielen Dank, die Anfahrtsbeschreibung auf Ihrer Website ist sehr gut und damit hat alles wunderbar geklappt.«

Wenn du richtig gut bist, würdest du hier vielleicht gleich noch eine harmlose Frage anschließen, z. B. »Sie haben ein sehr schönes Gebäude, was war der Grund, dass Ihr Unternehmen sich diesen Bezirk ausgesucht hat?« Durch die Frage zum Schluss zeigst du geschickt dein Interesse, aber auch deine Fähigkeiten, ein Gespräch ins Laufen zu bringen. Das ist letztlich ein weiterer Grund für den Small Talk am Anfang. Man möchte dich als Menschen kennenlernen.

Aber auch in dieser Phase gilt wie für das gesamte Vorstellungsgespräch: Es darf nicht gelernt, konstruiert, gezwungen oder künstlich wirken. Bleibe immer authentisch!

Es geht zwar um etwas Show, aber nicht darum, sich zu verbiegen. Dann wäre es nicht das richtige Unternehmen für dich!

Wahrscheinlich wird dir zu Beginn des Gesprächs etwas zu trinken angeboten. Sobald dir ein Getränk angeboten wird, nimm es an! Auch wenn du vorher einen Liter Wasser getrunken haben sollest. Es sorgt für eine bessere Grundstimmung, ein Gespräch mit einem »Ja« zu beginnen als mit einem »Nein«, selbst wenn es wieder nur um scheinbare Nebensächlichkeiten geht.

Wenn du gebeten wirst, dich hinzusetzen, achte darauf, dich nicht als Erste hinzusetzen. Elegant wäre es, zu fragen »Wie passt es für Sie am besten?«.

Vorstellung

Als Nächstes wird sich dein Gesprächspartner vorstellen und ein bisschen über das Unternehmen erzählen. Anschließend wirst du gebeten werden, dich selbst kurz vorzustellen. Worauf kommt es jetzt an? Der Interviewer kennt ja bereits deinen Lebenslauf und dein Anschreiben. Mit dieser Bitte der Selbstvorstellung möchte er erfahren, wie du dich insgesamt präsentierst. Dazu gehören z. B. folgende Punkte: Redest du deutlich, schnell, langsam und in vollständigen Sätzen? Wie strukturierst du deine Erzählung? Kannst du Wichtiges von Unwichtigem trennen? Kannst du Akzente setzen? Hast du dich auf das Unternehmen vorbereitet?

Für dich geht es darum, Fähigkeiten und Erfahrungen zu betonen, die für das Unternehmen und die Position interessant sein könnten. Ist es z. B. eine Position, in der du mit internationalen Kunden zu tun hast? Dann erwähne deine guten Sprachkenntnisse und nenne ein Beispiel, wie du sie in deiner neuen Position einsetzen kannst.

Wenn du dich beruflich neu ausrichtest, könntest du z. B. ehrenamtliche Tätigkeiten erwähnen, bei denen du eine ähnliche Aufgabe innehattest. Du bewirbst dich auf eine Stelle, bei der du ein Budget zu verwalten hast? Dann erzähle von deiner fünfjährigen Tätigkeit als Kassenwart in deinem Sportverein, um deine Kompetenz zu belegen. In dieser Eröffnungsphase des Vorstellungsgesprächs kannst du auch wunderbar deine 60-Sekunden-Berufsstory einbringen.

Verständnisfragen

Es werden auch Fragen zum tieferen Verständnis kommen. Als Restarter wirst du an dieser Stelle mit ziemlicher Sicherheit nach deiner Auszeit gefragt werden. Dies geschieht aber nicht, um dich zu ärgern oder gleich aussortieren zu wollen, sondern um zu verstehen, wie du diese Zeit verbracht hast. Denn wenn du zum Vorstellungsgespräch trotz einer Lücke im Lebenslauf eingeladen wurdest, hast du Interesse geweckt. Das heißt, deine Auszeit selbst war kein Ausschlusskriterium. Folglich kannst du selbstbewusst zu deiner Auszeit stehen und sie positiv kommunizieren. Das gelingt, indem du aufzeigst, welche Entwicklungen und Erfolge du durch deine Auszeit erlebt hast. Welche neuen Erfahrungen hast du gemacht, die dich beruflich oder persönlich haben wachsen lassen? Was konntest du Neues lernen?

Wesentlich ist, dass deine Auszeit durch Aktivität gefüllt war.

Nimm also nicht gleich das Schlechteste an und gehe auf keinen Fall in die Defensive! Sei auch nicht beleidigt oder angriffslustig. Das wäre eine todsichere Methode, um sich direkt aus dem Kreis der Favoriten zu verabschieden.

Da du dich gut vorbereitet hast, gehst du mit dieser Frage freundlich, gelassen und wertfrei um. Wenn du Mutter bist und deswegen nicht gearbeitet hattest, sage nicht so etwas wie »Ich war zu Hause, weil ich meinen Kindern eine gute Mutter sein wollte«. Denn damit sagst du gleichzeitig, dass alle arbeitenden Mütter keine guten Mütter sind. Eine Annahme, die nicht nur falsch ist, sondern die der Personalentscheider, ob nun weiblich oder männlich, als beleidigend empfinden könnte. Eine bessere Alternative wäre »Ich habe eine Auszeit genommen, um meine Kinder zu erziehen, aber nun brenne ich wieder darauf, berufstätig zu sein«.

Sei auf alle Reaktionen gefasst! Eine Teilnehmerin unserer Coachings sagte uns, dass der Personalentscheider darauf geantwortet hätte »Meine Frau kommt gerade mal damit zurecht, Kinder und Haus zu organisieren, wie schaffen Sie es da noch zu arbeiten?« Sie erwiderte ruhig »Ich habe genügend Hilfe zu Hause. Das ist kein Problem für mich«. Damit war das Thema für den Personalentscheider vom Tisch.

Antworte mit Selbstvertrauen, aber nicht wertend und nicht aus der Defensive heraus!

Qualifikationen

Natürlich werden auch Fragen zu deinen Qualifikationen und Fähigkeiten gestellt. Gehe nun ähnlich vor wie bei der Formulierung deines Anschreibens: Stelle dir auch jetzt im Vorfeld wieder selbst einige Fragen dazu. Welche Produkte hast du z. B. an wen verkauft? Welches Projekt hast du wie genau betreut? Was war deine Aufgabe, was die Methode, was das Ziel?

Welche deiner Fähigkeiten oder Erfahrungen könnten für das Unternehmen interessant sein. Versetze dich in die Position des Personalverantwortlichen und stelle dir vor, mit welchen Skills ein Mitarbeiter bei dir punkten könnte. *Das* ist spannend für den Personalentscheider. Die bloße Aufzählung deiner Fähigkeiten aus dem Lebenslauf und deine Ausbildung von vor 20 oder mehr Jahren interessieren ihn hingegen nicht.

Auch wenn du schon lange aus dem Job raus bist, versuche wenigstens einen Aspekt aus deiner damaligen Tätigkeit herauszufinden, der unterstreicht, wie du in einem bestimmten Gebiet etwas beitragen kannst. Achte auch auf deine Wortwahl und nutze möglichst Vokabeln aus der heutigen Geschäftswelt.

Die Grundidee hinter allen Fragen

Hinter allen Fragen, so unterschiedlich sie auch sein mögen, steht immer dasselbe Anliegen: Dein Gesprächspartner möchte deine Denk- und Arbeitsweise kennenlernen. Anstatt dich aber direkt danach zu fragen, versucht der Interviewer über differenzierte, offene Fragen, die den eigentlichen Informationswunsch nicht erkennen lassen, hierüber Einblicke zu bekommen. Würde er dich direkt nach diesen Eigenschaften befragen, könntest du ihm wahrscheinlich genau das sagen, was er hören will. Denn allen Fragen, die kommen könnten, wirklich allen ist gemein, dass der Interviewer sich für folgende fünf Punkte interessiert:

1. Wie strukturierst du deine Antwort?
2. Wie gehst du an eine Problemstellung heran?
3. Wie gehst du mit stressigen Situationen um?
4. Wie zielorientiert arbeitest du?
5. Wie teamorientiert bist du?

Berücksichtige diese fünf Punkte bei deinen Antworten und du wirst sehr erfolgreich mit den Fragen umgehen können. Zudem hilft es dir dabei, nicht ins Plaudern zu kommen oder dich nicht in Details zu verlieren. Am glaubwürdigsten werden deine Aussagen, indem du sie mit Beispielen aus deiner Berufspraxis belegst.

Im Folgenden zeigen wir dir Beispiele, was typische Fragen sind und wie man darauf reagieren kann. Es gibt nie die einzige richtige Antwort, aber es gibt viele gute

Antworten. Je besser du die Grundidee des Vorstellungsgesprächs verstanden hast, umso leichter wird es dir fallen, gute Antworten zu geben und zu überzeugen.

Immer öfter werden in Vorstellungsgesprächen auch Fragen zu Fallstudien gestellt. Hierbei beschreibt der Personalentscheider ein hypothetisches Problem und fragt dich, wie du damit umgehen würdest. Auch bei dieser Art von Fragen geht es nicht darum, ob du das technische oder fachliche Know-how hast, sondern darum, wie du Probleme löst. Wie du sie durchdenkst. Es geht auch hier genau um die oben genannten fünf Punkte, die ihn interessieren. Das Interessante bei der Fallstudie ist, dass er damit oft alle fünf Punkte auf einmal erfassen kann. Falls Dir solch eine Frage begegnet, fühle dich nicht unter Druck gesetzt, die richtige Antwort geben zu müssen. Nimm dir einen Moment Zeit, stelle klärende Fragen und nutze dann deinen Common Sense, um einige Annahmen zu formulieren, und gehe das Problem schrittweise durch. Der Inhalt deiner Antwort ist weniger wichtig als die Tatsache, mit Selbstvertrauen einen Weg gefunden zu haben, um mit einem anspruchsvollen Problem umzugehen.

7.2.2 Typische Fragen und gute Antworten im Vorstellungsgespräch

Insbesondere für Wiedereinsteiger gibt es eine Reihe von Fragen, die immer wieder gestellt werden und auf die du Antworten parat haben solltest:

»Wie werden Sie es schaffen, neben Ihren Kindern und Ihrem Haushalt, weswegen Sie bislang ja zu Hause geblieben sind, zu arbeiten?«

Diese Frage testet zum einen, ob du dich provozieren lässt, aber auch, wie entschlossen du bist. Eine schöne Antwort hierauf könnte sein: *»Es gibt viele berufstätige Mütter in der Welt, die unglaublich viele Dinge tun, und ich habe vor, eine dieser Frauen zu werden.«*

»Warum haben Sie eine Karrierepause gemacht und wieso dauerte sie so lange?«

Wie oben schon erwähnt, möchte der Interviewer hier hören, wie du die Zeit konkret genutzt hast. Fülle diese Pause mit Aktivität. Eine Antwort könnte lauten: *»Ich habe mich bewusst dafür entschieden, meine drei Kinder großzuziehen bis das jüngste sechs Jahre alt ist. In dieser Zeit war ich ehrenamtlich im Kindergarten als Vorstand* *engagiert, um mein Netzwerk auszubauen und auf dem neuesten Stand der Technik zu bleiben. Jetzt kommt ein neuer Abschnitt, in dem ich wieder berufstätig sein möchte und meine Kommunikations- und Organisationsfähigkeiten für Ihr Unternehmen einsetzen möchte.«*

»Über welche digitalen Kompetenzen verfügen Sie?«

In der Cloud zu arbeiten, mit Slack kommunizieren, PowerPoint-Präsentationen und Gantt-Diagramme zu erstellen, klingt erstmal schwierig, ist aber relativ schnell zu erlernen. Falls du in diesen Dingen noch nicht sattelfest bist, lass dich weder davon noch von der Frage einschüchtern, betone andere Stärken. Zum Beispiel so: *»Mit Ihrer aktuellen Bürosoftware kenne ich mich noch nicht aus, aber es fällt mir leicht, technische Neuerungen schnell zu lernen und anzuwenden.«*

»Wie gehen Sie damit um, dass in Ihrem Team alle 20 Jahre jünger sind als Sie?«

Hier spielt der Interviewer indirekt auf dein Alter an – sei nicht beleidigt, wahrscheinlich gehörst du wirklich zu den Älteren. Aber bis zum Rentenalter sind es dann doch noch viele Jahre und bis dahin kannst du dem Unternehmen viel Mehrwert bieten. Mache diesen Punkt deutlich! Du hast einen großen Fundus an Berufs- und Lebenserfahrung, den du einbringen kannst. Zudem weißt du mittlerweile sehr genau, was du machen möchtest. Das sind alles Pluspunkte, die du in deiner Antwort einbringst. Zum Beispiel so: *»Ich bin eventuell älter als andere Bewerber, aber dafür können Sie sicher sein, dass ich die angebotene Position nicht als Sprungbrett nutze, sondern mich auch langfristig in Ihrem Unternehmen engagieren möchte.«*

»Sie waren länger nicht mehr im Berufsleben. Glauben Sie, dass Sie diesen Belastungen standhalten können?«

Das ist eine Frage, die du dir vielleicht auch schon selbst gestellt hast, weil du es einfach nicht mit Sicherheit sagen kannst. Insofern ist es nachvollziehbar, dass sich auch dein Gegenüber darüber Gedanken macht. Falls du dir nicht sicher bist, könnte es Sinn machen, ihm vorzuschlagen, für einen begrenzten Zeitraum freiberuflich zu arbeiten. Das wirkt selbstsicher, überlegt, proaktiv und könnte deinen Arbeitgeber überzeugen. Zum Beispiel mit dieser Antwort: *»Vielleicht besteht die Möglichkeit, dass ich erst einmal befristet oder freiberuflich für ein Projekt bei Ihnen mitarbeite. So* *haben Sie die Möglichkeit, meine Arbeitsweise besser kennenzulernen, und können sich selbst von meiner Belastungsfähigkeit überzeugen.«*

Falls du Kinder hast und dein Gegenüber das weiß, kann auch folgende Frage kommen:

»Wie sieht es mit der Kinderbetreuung bei Ihnen aus?«

Das ist ein kritischer Punkt für jedes Unternehmen, weil es Ausfallzeiten seiner Mitarbeiter befürchtet. Erkläre also, dass die Kinderbetreuung gesichert ist, und beschreibe, wie du das gemanagt hast. Das verleiht deiner Aussage mehr Glaubwürdigkeit und zeigt auch deine Entschlossenheit, wieder arbeiten zu wollen. Beispiel: *»Meine Kinder sind tagsüber in einer Ganztagsschule. Mein Partner und meine Mutter sind flexibel und können einspringen, wenn es mal zeitlich eng werden sollte oder ein Kind krank wird.«*

Solltest du dich auf eine Stelle beworben haben, für die du augenscheinlich überqualifiziert bist, wird dieser Umstand wahrscheinlich hinterfragt werden.

»Wie gehen Sie damit um, dass Sie für diese Stelle überqualifiziert sind?«

Die Überlegung hinter dieser Frage ist es herauszufinden, ob du bereits nach kurzer Zeit gelangweilt bist und kündigst. Folgende Antwort könnte diese Sorge entkräften: *»Ich habe mich gezielt auf diese Stelle beworben und möchte für Sie herausragende Ergebnisse erarbeiten. Gleichzeitig möchte ich aber auch ein Leben neben der Arbeit haben«*

Wenn du dich beruflich neu orientieren möchtest, sei es nun als Restarter oder Umsteiger, wird auch die folgende Frage kommen:

»Warum möchten Sie die Branche wechseln?«

Diese Frage zielt darauf zu verstehen, welche Motivation dem Branchenwechsel zugrunde liegt. Geht es dir ums Geld? Um persönliche Weiterentwicklung? Um fachliche Bereicherung? Was es auch sei, entscheidend ist eine Antwort, die plausibel klingt und wieder deutlich macht, dass es dir vor allem um eine Tätigkeit genau in diesem Unternehmen geht. Du könntest antworten: *»Ich möchte meine fachlichen*

Fähigkeiten im Bereich x weiterentwickeln und sehe in Ihrem Unternehmen die Möglichkeit gegeben, diese auszubauen. Damit könnte ich auch gezielt dazu beitragen, Ihre Kundenzufriedenheit zu erhöhen.«

Eine Frage kommt in jedem Vorstellungsgespräch – nicht nur bei Wiedereinsteigern, sondern bei allen:

»Was sind Ihre Gehaltsvorstellungen?«

Diese Frage löst bei fast allen Unwohlsein aus, weil es insbesondere für Restarter schwer ist, seinen »Marktwert« zu bestimmen. Da die meisten kein Gefühl dafür haben, was an dieser Stelle angebracht ist, und sie sich auch nicht unter Wert verkaufen wollen, ist folgende Antwort eine elegante Art, den Ball zurückzuspielen: *»Ich denke, dass Sie den Umfang der Tätigkeit besser einschätzen können. Welche Vergütung ist bei Ihnen für diese Tätigkeit üblich?«*

Zum Schluss des Vorstellungsgesprächs wird regelmäßig diese Frage gestellt:

»Haben Sie noch eine Frage?«

Deine Gesprächspartner werden dich am Ende des Gesprächs fragen, ob du noch eigene Fragen hast. Auch hierauf solltest du vorbereitet sein und dir Fragen überlegt haben. Kläre die für dich noch offenen Fragen. Du solltest dir dafür zwei bis drei Fragen zurechtlegen, die dein Interesse an diesem Job noch einmal unterstreichen. An deinen eigenen Fragen erkennt der Personalentscheider, welche Dinge dich beschäftigen und wie intensiv du dich mit dem Unternehmen auseinandergesetzt hast. Du könntest konkret nach deinem Aufgabengebiet fragen, nach Weiterbildungsmöglichkeiten, der Teamstruktur oder Zielen des Unternehmens. Diese Fragen darfst du dir auch notieren und diese Notizen herausholen. Damit gehst du sicher, nichts zu vergessen, und es zeigt deine professionelle Vorbereitung.

! **Q & A für Wiedereinsteiger**

Wir haben die Fragen auf mybook.haufe.de (Arbeitshilfe 17) als Download zusammengestellt. Lade sie herunter und formuliere für jede Frage eine Antwort, die deine Situation treffend beschreibt. Achte darauf, mit jeder Antwort auch etwas Positives über dich und deine Fähigkeiten mitzuteilen. Das ist der Trick dabei.

Übe diese Antworten, bevor du in dein erstes Vorstellungsgespräch gehst. Das wird dir im Gespräch helfen, souverän und professionell mit kritischen Fragen umzugehen. Gleichzeitig unterstreichst du damit deine kommunikativen Kompetenzen, ein schöner Nebeneffekt.

Nachdem wir dir in diesem Kapitel viel über das Vorstellungsgespräch erzählt haben, möchten wir dir noch einen Rat geben: Egal wie nervös du bist, versuche entspannt zu wirken und gehe mit Selbstbewusstsein in dieses Gespräch! Wenn du verzweifelt, bedürftig oder eingeschüchtert wirkst, ist das nicht attraktiv für dein Gegenüber. Vertraue auf deine Fähigkeiten – schließlich bist du eingeladen worden! **Gundula Novy,** Personalleiterin bei Coexpan Deutschland GmbH, rät:

»Seien Sie wie Sie sind. Verkaufen Sie sich als die Person, die Sie sind, und versuchen Sie nicht, irgendwelche Rollen zu spielen«.[29]

Unser Tipp !

Damit du dich besser auf das Vorstellungsgespräch einstellen kannst, übe es vorab als Rollenspiel mit einer Freundin oder einem Freund. Bereite dich dafür genauso ernsthaft vor wie bei einem echten Vorstellungsgespräch. Setzt euch für das Gespräch an einen Tisch und besprecht vorher, was für Fragen gestellt werden sollen. Du wirst merken, dass es selbst im Rollenspiel nicht so einfach ist, sich auf Anhieb überzeugend zu präsentieren. Reflektiert im Anschluss an das Gespräch gemeinsam, was gut war und was besser sein könnte. Wie hat dich dein Gesprächspartner wahrgenommen? Was ist dir gut gelungen, was möchtest du nächstes Mal anders machen? Spiele dieses Rollenspiel zwei, drei Mal. Danach bist du wirklich bereit für dein Vorstellungsgespräch!

7.3 Telefon- und Skype-Interview

Neben dem klassischen (Präsenz-)Vorstellungsgespräch gibt es noch zwei weitere Varianten: das Telefoninterview und das Skype-Interview.

Welche Art von Bewerbungsgespräch gewählt wird, hat nichts mit der Wertigkeit des Gesprächs zu tun. Die Telefon- und Skype-Varianten sind einfach zeit- und kostensparend. Nicht nur für das Unternehmen, sondern auch für den Bewerber, der keine

29 Interview von Restart Today mit Gundula Novy am 10.12.2019.

– eventuell lange – Anreise auf sich nehmen muss. Da in der heutigen Unternehmenswelt ohnehin sehr viel über den digitalen und telefonischen Kontakt läuft, lernt der Personalentscheider auch gleich dein Verhalten mit diesen Medien kennen. Ein Telefon- oder Skype-Interview ist nur eine andere Methode, um mit dir ins Gespräch zu kommen. Schätze sie nicht als minderwertig ein gegenüber dem klassischen Bewerbungsgespräch!

Inhaltlich verlaufen alle Varianten weitgehend gleich ab, d. h. berücksichtige das, was du in Kapitel 7.2 zum Präsenz-Vorstellungsgespräch erfahren hast, und du wirst auch mit dem Telefoninterview keine Schwierigkeiten haben.

Das Telefoninterview hat nur eine Besonderheit. Du kannst zu einem Zeitpunkt angerufen werden, der für dich unpassend ist. Wenn das passiert, ist es kein Problem, dem Anrufer freundlich für den Anruf zu danken und darum zu bitten, einen Telefontermin zu vereinbaren, weil du zurzeit nicht abkömmlich bist. Falls du auf der Liegewiese liegst und alle Zeit der Welt hättest, behältst du das besser für dich und vereinbarst einen neuen Termin.

Zur Vorbereitung deines Telefoninterviews achte darauf, dass du dich an einem ruhigen Ort befindest. Breite deine Unterlagen vor dir aus und konzentriere dich auf das anstehende Gespräch. Da dein Gegenüber dich nicht sehen kannst, entfällt der Augenkontakt und nur deine Stimme zählt. Versuche also ruhig, deutlich und klar zu sprechen. Denke daran: Auch ein Lächeln hört man!

Für ein Skype-Interview wird ebenso wie für das klassische Präsenz-Vorstellungsgespräch immer im Vorfeld ein Termin vereinbart. Abgesehen davon, dass ihr nicht physisch in einem Raum sitzt, gibt es keine weiteren Unterschiede zum klassischen Vorstellungsgespräch.

7.4 Umgang mit Absagen

Da die meisten Restarter mit einem besonders selbstkritischen Blick auf Jobsuche gehen, sind sie oft auch verletzbarer als andere, wenn es um eine Absage geht. Das Gefühl, nicht gut genug zu sein, stellt sich zumindest für kurze Zeit bei fast jedem ein. Dazu kommt die Enttäuschung, es schon ins Vorstellungsgespräch geschafft zu haben und dann doch nicht den Job zu bekommen. Absagen gehören zum Bewerbungsprozess und es ist auch nicht unrealistisch, dass du mal eine erhältst. Vielleicht nach deinem ersten Vorstellungsgespräch, vielleicht auch erneut nach deinem zweiten Gespräch.

Aber: Nimm die Absage nicht persönlich! Sie bedeutet nicht, dass du nicht qualifiziert genug bist. Sie bedeutet lediglich, in diesem Moment passt es nicht zusammen. Bei einem anderen Unternehmen kann es dagegen sehr wohl passen. Letztlich ist es wie bei vielen anderen schmerzhaften Erfahrungen im Leben – auch eine Absage kann sich in eine kostbare Erfahrung verwandeln. Das Ermutigende selbst an diesen Absagen ist, dass du es immerhin überhaupt bis ins Vorstellungsgespräch geschafft hast! Warum es von dort nicht weiterging, das kann unendlich viele Gründe haben. Oft haben sie weniger mit dir als mit firmenpolitischen Erwägungen zu tun. Du wirst aus jeder Absage etwas lernen und dich weiter entwickeln.

Unser Tipp !

Ruf nach der Absage im Unternehmen an und frage, woran es gelegen hat. Neun von zehn Bewerber tun genau dies nicht. Auch wenn dir solch ein Anruf schwerfallen mag, versuche, dich zu überwinden. Dadurch hast du die Chance zu erfahren, woran es gehapert hat. Das sind wertvolle Informationen für deinen weiteren Bewerbungsprozess. Vielleicht erfährst du in dem Telefonat auch, dass es nichts mit deinen Fähigkeiten oder Qualifikationen zu tun hatte, sondern jetzt eine interne Lösung gefunden wurde oder eine Umstrukturierung erfolgte, die diese Stelle überflüssig macht. Das kommt gar nicht so selten vor und wurde schon öfter als Grund genannt. Für dein Ego ist diese Information sehr viel angenehmer zu verarbeiten als die bloße Vermutung »Ich bin nicht gut genug«.

Wahrscheinlich bist du überhaupt der einzige Kandidat, der sich nach der Absage erneut gemeldet hat und sich auf diese Weise in Erinnerung ruft. Eine Klientin aus unseren Coachings hat genau diesen Rat beherzigt und nach ihrer Absage noch einmal im Unternehmen angerufen. Dadurch hat sie erfahren, dass der ursprünglich ausgewählte Kandidat die Stelle aus Krankheitsgründen nicht antreten konnte. Da der Arbeitsantritt schon in zwei Wochen sein sollte und das Unternehmen so kurzfristig keine neue Anzeige schalten konnte, wurde sie gefragt, ob sie noch Interesse hätte und auch kurzfristig zur Verfügung stände. Unsere Coachee war natürlich begeistert und hat sofort zugesagt. Heute arbeitet sie immer noch dort.

Dieses Beispiel ist eher die Ausnahme und nicht die Regel. Aber was die zuvor genannten Punkte betrifft, ist es immer sinnvoll, nach der Absage anzurufen und nach den Gründen zu fragen.

Welchen Nutzen kannst du aus einer Absage ziehen?

- Eine Absage hilft dir zu erkennen, was an dieser Stelle noch nicht funktioniert hat oder verbesserungswürdig ist.
- Eine Absage hilft dir auch, mehr über dich und das Unternehmen und vielleicht auch die Branche zu verstehen.

Absagen lehren dich, mit einem »Nein« umzugehen. Das ist zwar im ersten Moment nur ein schwacher Trost, aber du wirst daraus an anderer Stelle Kraft und Selbstbewusstsein ziehen. Vielleicht genau dann, wenn dein Traumjob winkt. Unabhängig vom Ausgang – du nimmst immer etwas mit! Neue Erfahrungen, neue Erkenntnisse und neue Inspirationen.

Nun wollen wir aber nicht weiter über mögliche Absagen reden. Es ist einfach nur ein Aspekt im Bewerbungsprozess, den wir nicht unbeleuchtet lassen wollten.

Wenn du dieses Kapitel sorgfältig durchgehst und dich ernsthaft auf das Vorstellungsgespräch anhand unserer Tipps vorbereitest, werden Absagen sowieso nicht dein Thema sein, sondern die Zusage! Was mache ich dann eigentlich? Ich habe den Job, den ich wollte, und jetzt geht es los. Worauf muss ich achten? Das schauen wir uns im letzten Kapitel 8 an.

7.5 Checkliste: Dein Vorstellungsgespräch

Auf mybook.haufe.de (Arbeitshilfe 18) kannst du dir diese Checkliste herunterladen.

Checkliste: Dein Vorstellungsgespräch	
Anschreiben und Lebenslauf gelesen	
Informationen zum zukünftigen Arbeitgeber und den Gesprächspartnern gesammelt	
Eigene Motivation für die Stelle reflektiert	
Beispiele für eigene Kompetenzen notiert	

Checkliste: Dein Vorstellungsgespräch	
Schnittmenge zwischen eigenen Fähigkeiten und Unternehmensanforderungen definiert	
60-Sekunden-Berufsstory einstudiert	
Q&A für Wiedereinsteiger geübt	
Eigene Fragen formuliert	
Passendes Outfit ausgesucht	
Anfahrtsweg und -zeit eingeplant	

Insights !

- Eine fundierte Vorbereitung ist die Basis für deinen Erfolg.
- Stelle immer einen Bezug zwischen der angebotenen Stelle und deinen Fähigkeiten her.
- Betrachte das Vorstellungsgespräch wie ein Date: Beide Seiten wollen herausfinden, ob man zusammenpasst.
- Absagen gehören zum Bewerbungsprozess und bringen dich deinem Ziel näher.

8 Geschafft: Wieder im Job!

Wer andauernd begreift, was er tut, bleibt unter seinem Niveau.
Martin Walser

Es ist soweit – Du hast wieder einen Job!
Wenn du das erste Mal zu deinem neuen Arbeitgeber fährst, wirst du wahrscheinlich freudig aufgeregt sein. Sich businesslike anzuziehen, neue Kollegen kennenzulernen, deinen Schreibtisch zu bekommen und vielleicht eigene Visitenkarten zu erhalten, fühlt sich toll an. Bei aller Freude und allem Stolz wird aber auch etwas Unsicherheit mitschwingen, weil du einen neuen Pfad beschreitest. Das ist völlig normal und gehört auch dazu.

Egal wo du arbeitest – du wirst große Veränderungen gegenüber deinem früheren Job feststellen. Wenn du länger aus dem Job raus warst, werden sich nicht nur die technischen Einrichtungen geändert haben, es werden auch mehr jüngere Kollegen und eventuell auch internationale Kollegen da sein. Auch dein Chef oder deine Chefin kann jünger sein als du.

Das kann alles erstmal ungewohnt sein, und es ist gut, wenn du dir das vergegenwärtigst. Du brauchst dein Alter nicht zu verstecken, aber mach auch kein Thema daraus. Rede nicht ständig über alte Zeiten oder wie man Dinge »früher« gemacht hat. Sei offen und ehrlich mit dem, was du kennst und was dir neu ist. Je weniger du dein Alter thematisierst, desto weniger wird es auch dein Umfeld interessieren. Aber auch, wenn du nur ein Jahr »raus« warst, weil du z. B. ein Sabbatical gemacht hast, werden am Anfang viele neue Dinge auf dich zukommen.

Damit du mit dieser neuen Situation gut umgehen kannst und das Beste daraus machst, wollen wir dir hierfür auch noch ein paar Tipps mitgeben. Allgemein spricht man von den ersten 100 Tagen der Eingewöhnung. In dieser Zeit lernst du die Menschen und Aufgaben kennen, mit denen du hauptsächlich zu tun haben wirst. Du kannst diese 100 Tage als deine Probezeit betrachten (selbst wenn deine vertragliche Probezeit länger sein sollte), aber wenn du die ersten 100 Tage gut über die Bühne gebracht hast, dürfte es dir für die restliche Zeit ebenso gelingen.

Im Folgenden gehen wir auf verschiedene Aspekte deiner ersten 100 Tage ein, die dir helfen, diese Zeit optimal zu nutzen und auch deinen Arbeitgeber vom ersten Tag an zu überzeugen.

8.1 Der erste Arbeitstag

Dein erster Arbeitstag und deine ersten Begegnungen mit den neuen Kollegen sind von großer Bedeutung. Nichts ist so bleibend wie der erste Eindruck und der sollte sitzen. Wenn du 48 Jahre alt bist, jeden mit »Howdy« begrüßt und den Knuckle-Gruß (Faust tippt an Faust) anwendest, um zeitgemäß zu erscheinen, wirkt das eher peinlich als angemessen. Vermeiden solltest du auch, gleich am ersten Tag anderen zu erzählen, wie man Abläufe vereinfachen kann oder was alles verbessert werden könnte. Sinnvoller ist es, sich erst einmal mit dem neuen beruflichen Mikrokosmos, den du betrittst, vertraut zu machen.

Falls du es für das Vorstellungsgespräch noch nicht herausgefunden hattest, kläre, welcher Dresscode in deiner Abteilung, in deiner Position zu beachten ist. Ohne dich selbst zu verleugnen, nähere dich dem Kleidungsstil an. Ein legeres Outfit fällt unterschiedlich aus, je nachdem ob ich 30, 40 oder 50 Jahre alt bin. Dasselbe gilt für die Sprache. Bleibe authentisch und nutze Worte, die dir vertraut sind. On the Job wirst du herausfinden, welcher Sprachcode in deinem Unternehmen üblich ist und was du davon übernehmen willst.

Die Arbeitsweise und Arbeitszeiten werden eventuell anders sein, als du es von früher gewohnt bist. Wie gesagt, lerne erst einmal die ungeschriebenen Regeln kennen. Mache dich vertraut mit der aktuellen Arbeitsweise, bevor du Änderungsvorschläge einbringst.

Oft ist es üblich, dass am ersten Tag eine kleine Vorstellungsrunde stattfindet. Üblicherweise erzählst du kurz deinen beruflichen Werdegang, nennst deine beruflichen Ziele und zeigst deine Vorfreude auf die Zusammenarbeit mit deinen Kollegen und deine neuen Aufgaben. Wenn es dir nicht leicht fällt, aus dem Stand ein paar Sätze zu sagen, bereite das vor. Es lohnt sich, denn bei dieser Vorstellung kannst du bereits erste positive Akzente setzen.

Der erste Tag im neuen Job ist zugleich der Beginn einer neuen Lebensphase. Feiere das mit deiner Familie oder Freunden – und würdige deinen Erfolg!

8.2 Einarbeitung im neuen Job

In den ersten Wochen wird von dir noch kein Zauberwerk erwartet. Es reicht, wenn du dich engagiert und interessiert einbringst. Das heißt aber nicht, sofort den ganzen Laden umzukrempeln. Selbst wenn du gute Lösungen zur Optimierung einzelner Arbeitsprozesse hättest, halte dich zunächst zurück. Es geht darum, möglichst viel zu lernen, zu beobachten und aufzunehmen. Höre aufmerksam zu und frage nach, sobald etwas unklar ist.

Versuche, offene Fragen zu stellen. Das sind Fragen, auf die man nicht mit »Ja« oder »Nein« antworten kann, sondern zu deren Antwort man weiter ausholen muss. Offene Fragen sind sogenannte W-Fragen, die typischerweise mit den Fragewörtern »Wie«, »Woher«, »Wodurch«, »Wann« »Womit« etc. beginnen. Dadurch bekommst du viele weiterführende Informationen.

Keiner erwartet von dir, zu diesem Zeitpunkt schon über alles Bescheid zu wissen. Frage nach, wenn du an einer Stelle nicht weiterkommst. Wenn du klarstellst, was du kannst und was du dir noch aneignen wirst, bist du für deine Kollegen wertvoller und berechenbarer, als wenn du so tust, als ob du alles kannst, und Fristen dann nicht einhältst.

Lege dir ein Workbook an, in dem du die Daten und Fakten rund um deine Arbeitsroutine festhältst. Es wird dir helfen, deine Aufgaben schneller zu bewältigen.

8.3 Umgang mit Vorgesetzten

Wenn du länger in der Auszeit warst, kann es dir passieren, dass deine Vorgesetzten jünger sind als du bzw. weniger Lebenserfahrung haben. Oder du hast überhaupt zum ersten Mal einen Vorgesetzten vor dir, während du früher selbst der Entscheidungsträger warst. Beide Situationen sind ungewohnt. In beiden Fällen könnte dich der Gedanke beschleichen, viele Dinge besser zu können als dein Vorgesetzter. Vielleicht ist das sogar so. Aber momentan ist das nicht dein Job! Dein Job ist ein anderer. Wenn du mit deiner aktuellen Position in der Unternehmenshierarchie haderst, erinnere dich daran, dass es gute Gründe für deine Auszeit gab. Im Moment befindest du dich am Anfang deiner neuen Berufskarriere – vieles kann sich noch ändern und entwickeln.

Immer mehr Unternehmen zeichnen sich durch flache Hierarchien aus, in denen eher das Team die Verantwortung übernimmt als ein Einzelner. Aufgrund dieser Organisationsform sind die Machtstrukturen und Entscheidungsgewalten für dich als Neuling nicht sofort erkennbar. Aber trotzdem gibt es solche Strukturen. Versuche, sie zu verstehen und zu durchdringen, welcher Mitarbeiter in welchem Bereich das Sagen hat.

8.4 Vergiss das Networking nicht

Mit dem Eintritt in den neuen Job ist deine Netzwerkaktivität nicht zu Ende. Im Gegenteil, du aktualisierst dein Berufsprofil auf allen Plattformen wie Xing oder LinkedIn mit der Angabe deiner neuen Position. Wenn du Unterstützer hattest, Personen, die dir mit Rat und Tat zur Seite standen, ist jetzt der Zeitpunkt, um sich dafür noch einmal zu bedanken.

Dann setzt du deine Netzwerktätigkeit weiter fort. Bleibe dabei, täglich fünf Minuten deine beruflichen Netzwerke zu pflegen. Verknüpfe dich mit deinen neuen Kollegen auch auf Xing oder LinkedIn. Baue in den ersten Wochen dein Netzwerk im Unternehmen auf. Versuche dafür, Kollegen aus anderen Abteilungen kennenzulernen. Nenne ihnen deinen Namen, deine Fachkenntnisse und erzähle von deinen Erfahrungen. Solltest du mit Kunden zusammenarbeiten, versuche dich auch ihnen vorzustellen und ihnen deine Freude über die zukünftige Zusammenarbeit zu vermitteln.

Suche den Kontakt zu allen externen Geschäftspartnern, mit denen du zu tun haben wirst. Stelle dich kurz vor. Dadurch lernst du sie nicht nur kennen, sondern unterstreichst zugleich deine Serviceorientierung.

8.5 Prioritäten setzen

Die ersten 100 Tage sind eine aufregende Zeit und du willst wahrscheinlich am liebsten alles sofort und gleich erledigen, einen guten Eindruck machen und deinen Chef begeistern. Das ist zwar ein sehr gutes Ansinnen, aber es kann schnell dazu führen, sich zu verzetteln, zu überfordern und am Ende nur halbherzige Ergebnisse abzuliefern.

Erinnere dich: Früher konntest du höchstwahrscheinlich einfach länger im Büro bleiben, wenn es mal zeitlich eng wurde. Kannst du das heute noch genauso? Oder wartet jemand zu Hause auf dich? Früher hat es nichts ausgemacht, bis zwei Uhr morgens an einer Präsentation zu sitzen und morgens um neun einen Vortrag zu halten. Bist du in diesem Moment fit dafür? Oder musst du dich erst wieder einarbeiten in den Workflow?

Deswegen einige Tipps, um nicht ins Schleudern zu geraten:

- Gewöhne dir an, deine Aufgaben in Prioritäten zu unterteilen. Was ist deine wichtigste Aufgabe, welche ist die zweitwichtigste etc.? Erledige diese Hauptaufgaben lieber richtig gut als zu viele mittelmäßig.
- Sei zu Beginn großzügig mit dir bei terminlichen Vorgaben. Wenn du meinst, dass etwas drei Tage zur Bearbeitung ausreichen, packe einen Tag obendrauf. Glaub uns, am Anfang wird alles etwas länger dauern, als du meinst. Wenn du früher fertig bist, wirst du deinen Vorgesetzten positiv überraschen. Das ist auch nicht schlecht.
- Bereite dich gut auf Meetings vor: Worum soll es inhaltlich gehen und wie kannst du substanziell dazu beitragen?
- Zeige deinen Kollegen, dass du ein Teamplayer bist. Wenn möglich, bleibe auch mal etwas länger im Büro, wenn es brennt oder ein Kollege Unterstützung braucht. Damit gewinnst du Wertschätzung und wirst selbst unterstützt, wenn du mal Hilfe brauchst.

8.6 Love it or leave it?

Nach der Euphorie der ersten Wochen kann sich manchmal auch Ernüchterung einstellen. Die Gründe sind vielfältig. Es könnte sein, dass der Job mehr Energie verbraucht, als du gedacht hattest. Es könnte sein, dass sich die Kinder nicht an die Umstellung gewöhnen. Es könnte auch sein, dass dich der Arbeitsinhalt nicht reizt. Oder du sehr schnell merkst, dass das Unternehmen oder die Branche doch nichts mehr für dich ist. Solltest du dann den Traum vom beruflichen Wiedereinstieg aufgeben?

Manchmal stellt sich heraus, dass das neue Leben zum Hamsterrad wird und der Arbeitsumfang zu groß ist. Bevor du dann überlegst, den Job zu beenden, denke zuerst über Alternativen nach. Du kannst z. B. mit deinem Arbeitgeber sprechen, ob es Möglichkeiten gibt, die Arbeitszeit zu reduzieren. Du könntest ihm auch anbieten, freiberuflich auf Stundenbasis zu arbeiten. Die Bereitschaft, dir entgegenzukommen könnte größer sein, als du erwartest, da das Unternehmen sich schon einmal für dich entschieden hatte.

Es gibt auch Situationen, in denen erlebt man erst im Job, dass man sich geändert hat und das Interesse oder die Freude an der Tätigkeit viel stärker nachgelassen hat, als man vorher angenommen hat. Sollte man dann die Tätigkeit beenden und sich etwas Neues suchen? Wir denken, es kommt darauf an:

Wenn die Tätigkeit das Sprungbrett in eine Position oder ein Unternehmen sein könnte, das dich interessiert, könnte es lohnenswert sein, für einen Zeitraum von ein bis zwei Jahren im Unternehmen zu bleiben. Dann ist der Status »Restarter« verflogen und du bewirbst dich aus einer Berufstätigkeit heraus. Das kann durchaus vorteilhaft sein.

Wenn sich jedoch herausstellt, dass die aktuelle Position keinen Nutzen bringt oder du kreuzunglücklich bist, dann lautet die Entscheidung: Leave it! Dieser Job war ein notwendiger Schritt, um zu erkennen, was du nicht mehr möchtest. Dann beginnt zwar die Berufsfindung von neuem, aber auf einem höheren Level. Wiedereinstieg ist immer auch das Ausprobieren verschiedener Wege, um den Job zu finden, der zu dir und deinem Leben passt.

!

Insights

- Keiner erwartet Wunder von dir – auch du solltest das nicht tun.
- Nichtwissen ist bei Antritt eines neuen Jobs normal – gehe offen damit um.
- Lege ein Workbook an.
- Baue dein Netzwerk weiter aus.
- Feiere deinen ersten Arbeitstag mit deiner Familie und/oder deinen Freunden.

Schlusswort

Liebe Leserin, lieber Leser,

Du hast jetzt eine erkenntnisreiche und spannende Reise hinter dir. Du wirst viel gelernt, Neues erfahren und Altes wiederentdeckt haben.

Unsere Motivation für dieses Buch war zum einen der Wunsch, alles, was zum Thema Wiedereinstieg gehört, in einem Buch zusammenzufassen. Ein Buch, dass die wichtigsten Themen, Fragen und Zweifel, die mit dem Wiedereinstieg zusammenhängen, aufgreift und vor allem Antworten liefert. Und dir einen einfach umzusetzenden und praxisnahen Fahrplan bietet, der dich motiviert und unterstützt, aber trotzdem deine individuellen Bedingungen und Vorgaben berücksichtigt. Ein Fahrplan, der dich darin bestärkt, deine Talente, Vorlieben und Leidenschaften zu entdecken und ihnen beruflich zu folgen.

Das ist das Eine und wir hoffen, dass uns das gelungen ist.

Aber fast noch wichtiger ist uns, dass du einen neuen Blick auf dich und deine Möglichkeiten erhalten hast. Dieses Buch möchte dich ermutigen, deinen ganz eigenen Weg zu gehen, dir nicht irgendeinen Job zu suchen, sondern den, den du *wirklich* willst.

Wir möchten dich dafür begeistern, dir unbequeme, aber entscheidende Fragen zu stellen. Fragen wie: Wonach sehne ich mich? Wie möchte ich mich fühlen? Welchen Job, welches Ziel empfinde ich als sinnstiftend?

Es geht auf diesem Weg nicht um richtig oder falsch, gut oder schlecht, sondern darum, Erfahrungen zu sammeln, sich weiter zu entwickeln und zu wachsen. Deine Träume ernst zu nehmen und sie als tiefere Hinweise zu nutzen.

So unterschiedlich jeder von uns ist, so unterschiedlich sind auch unsere Wege, um ans Ziel bzw. in den nächsten Job zu kommen. Oftmals halten auch vermeintliche Umwege spannende Erfahrungen und Erkenntnisse für uns bereit. Auch dafür möchten wir dich mit diesem Buch sensibilisieren. Gehe deinen Weg, in *deinem* Tempo in deinen nächsten Job. Lass dich nicht davon beirren, was andere von deinen Wünschen, deinem Vorhaben halten, auch nicht davon, wie unrealisierbar etwas im ersten Moment erscheinen mag. Denn:

»In jedem Fehlschlag liegt der Keim einer positiven Entwicklung.« (Napoleon Hill)[30]

Entscheidend ist es, sich überhaupt auf den Weg zu machen.

Da der Wiedereinstieg in den Job nicht von heute auf morgen passiert, sondern ein Prozess ist, wissen wir, dass man auf diesem Weg auch mal verzagen kann. Und weil wir von dem gewinnbringenden Spirit einer guten Community überzeugt sind, laden wir dich herzlich ein, an unserem Mentoring-Programm auf restart-today.de teilzunehmen. Dort kannst du dich mit anderen Restartern austauschen, gemeinsam Ideen entwickeln und dein Netzwerk erweitern.

So haben wir beim Erstellen dieses Buches auch von unserem Netzwerk aus tollen Kolleginnen und Kollegen, Wiedereinsteigern, Personalverantwortliche und Freunden profitiert und Ideen, Inspirationen und Unterstützung erhalten. Uns alle eint die Vision, einen Mehrwert sowie Bedingungen zu schaffen, die es uns ermöglichen, unsere vielfältigen Potenziale zu leben. Wo wir wollen und wie wir wollen. Im Job, privat – einfach in unserem einen Leben, dass wir haben.

Wir möchten Euch allen an dieser Stelle danken, insbesondere nochmal den Kolleginnen und Kollegen, die uns tiefere Einblicke in ihre Expertenthemen gewährt haben und uns für Interviews zur Verfügung standen. Insbesondere möchten wir auch den Wiedereinsteigerinnen und Wiedereinsteigern danken, deren Geschichte wir in diesem Buch erzählen durften. Aus Gründen der Privatsphäre haben wir die Namen an einigen Stellen geändert.

Ein ganz besonderer Dank gilt Christiane Haas vom Haufe Verlag, die vom ersten Moment an an uns geglaubt hat, von unserer Buchidee überzeugt war und die die Realisierung erst möglich gemacht hat. Nicht weniger dankbar sind wir für unseren konstruktiven, sehr engagierten und unglaublich erfahrenen Lektor Peter Böke. Wir hätten uns keinen besseren wünschen können. Er hat uns von der ersten Sekunde an

30 Napoleon Hill, 2020, S. 199.

mit positivem Feedback motiviert, für den entscheidenden Feinschliff gesorgt und uns substanziellen Input geliefert.

Und dir, liebe Leserin, lieber Leser, danken wir herzlich für dein Vertrauen, dass du uns mit dem Kauf dieses Buches entgegengebracht hast. Wir wissen dieses Vertrauen sehr zu schätzen und hoffen, dass wir dir mit dem Inhalt dieses Buches genauso viel zurückgeben konnten.

Für uns wäre es ein großes Geschenk, wenn wir dich motivieren konnten, voller Tatendrang deinen Wiedereinstieg voranzutreiben, damit du da hinkommst, wo du happy bist.

Wir haben vielleicht nur dieses eine Leben – nutze deinen Wiedereinstieg als Chance, dein Leben neu zu gestalten. So, wie *du* es dir wünschst.

Herzlichst, *Gesche* und *Julia*

Eine Bitte an dich!

In diesem Buch, unserer Website, unserem Blog, den Interviews und der wachsenden Community stecken viel Herzblut, Arbeit und Zeit. Deswegen würden wir uns sehr darüber freuen, ein ehrliches Feedback von dir zu erhalten. Damit unterstützt du uns und alle kommenden Restarter dabei, das Buch und unsere weiteren Angebote zu verbessern und zu erweitern oder sogar vielleicht weitere Hilfen für deinen eigenen Weg als Restarter zu entwickeln. Wenn du uns hierbei tatkräftig unterstützen möchtest, hinterlasse uns einfach eine Rezension auf Amazon.de.

Wie du vielleicht aus eigener Erfahrung weißt, sind Rezensionen ein wichtiger Bestandteil eines Buches. Wenn wir überlegen, ob wir ein Buch kaufen sollen oder nicht, entscheiden oft die Rezensionen anderer Kunden darüber. Außerdem wird das Buch durch deine Rezension sichtbarer und kann damit auch in das Blickfeld von anderen potenziellen Restartern gelangen, die noch auf der Suche nach einem guten Buch zum Thema Wiedereinstieg sind.

Sollte dir also unser Buch gefallen haben, wären wir dir für eine Weiterempfehlung oder Bewertung sehr dankbar. Um eine Bewertung auf Amazon zu hinterlassen, logge dich einfach in dein Konto ein, gehe auf die Produktseite »Restart Today – die Roadmap für dein erfolgreiches, berufliches Comeback« und scrolle dann bis zum Ende und klicke auf »Kundenrezensionen verfassen«.

Wir selbst lesen auch gerne dein Feedback, weil es uns hilft zu verstehen, was dir einen Mehrwert gebracht hat und wo wir noch nachbessern können.

Du kannst uns natürlich auch persönlich kontaktieren – wir freuen uns über jede E-Mail, aber vor allem über Verbesserungsvorschläge oder Anregungen für weitere Themen, die unseren Restartern helfen, noch einfacher zurück in den Job zu gelangen.

Wir versprechen dir – jede einzelne E-Mail wird gelesen, alle Ideen werden gesammelt und vielleicht findest du bald genau deine Anregung in der nächsten Auflage, auf unserer Website, in unserem Blog oder einem zukünftigen Buch von uns.

Am allermeisten freuen wir uns aber über deine persönliche Wiedereinstiegsstory. Erzähle uns von deinen Erfahrungen, deinen Hindernissen und deinen Erfolgen. Wir lernen aus jeder einzelnen Geschichte und je größer unsere *Restart Today Community* wird, desto größer wird unser aller Netzwerk und umso mehr Chancen eröffnen sich.

Zögere also nicht – wir freuen uns auf deine Nachricht!

Kontakt
Gesche.Heitmann@restart-today.de oder Julia.Mohring@restart-today.de

9 Anhang

Auf mybook.haufe.de findest du alle Online-Arbeitshilfen aus dem Buchanhang zum Download:

Arbeitshilfe 13: Anschreiben für eine Bewerbung (Muster)

Arbeitshilfe 14: Lebenslauf (Muster)

Arbeitshilfe 19: Weiterführende Links für Wiedereinsteiger (Übersicht)

9.1 Muster-Anschreiben

Das Anschreiben umfasst immer eine DIN-A4-Seite.

Nele Neustart
Elbstraße 2
20456 Hamburg
040 12 34 567
nele.neustart@gmx.de

An die
Veritas Marktforschung AG
Herr Mertens
Rothestraße 45
20199 Hamburg

Hamburg, den 24. Januar 2020

Bewerbung als »Projektleiter Qualitativ (m/w/d)«
Ihre Stellenanzeige vom 20. Januar 2020 auf StepStone, ID 25488

Sehr geehrter Herr Mertens,

hochwertige Explorationen machen die nahe Zukunft transparent und eröffnen Unternehmen damit die Chance, ihre Innovations- und Produktführerschaft in einer VUCA-Welt zu sichern.

Insgesamt 11 Jahre lang habe ich als Projekmanager qualitative High-End-Studien für TIME Unternehmen verantwortet und dabei die Einführung mehrerer erfolgreicher Produktreihen, wie z. B. die Druckerserie HP 5340 mitgestaltet. Im Rahmen der Leitung Europa-Studien habe ich mir interkulturelle Kompetenzen angeeignet, mit denen ich Ihre Unit für internationale Studien maßgeblich bereichern kann.

Obwohl mein Fokus in den letzten Jahren vor allem auf meiner Familie lag, habe ich mein Fachwissen in Regionaltreffen des BVM und einer Weiterbildung zum Thema Design Thinking aktualisiert. Bei meinem ehrenamtlichen Engagement in einer Kita konnte ich mit meiner Koordinationsgabe die Zusammenarbeit mit mehreren Schulen ausbauen.

Die Möglichkeit in einem Unternehmen mitzuarbeiten, das sich auf Design Thinking fokussiert, reizt mich sehr. Für Ihre High-Tech-Kunden relevante Insights zu erarbeiten und darüber zum Umsatzwachstum der Veritas AG beizutragen, begeistert mich.

Mein frühestmögliches Eintrittsdatum ist der 1. April 2020. Meine Gehaltsvorstellung liegt zwischen 50.000 und 60.000 Euro brutto pro Jahr.

Ich freue mich auf ein persönliches Kennenlernen.

Mit freundlichen Grüßen

Nele Neustart

Nele Neustart

Anlagen

Abb. 16: Das Anschreiben (Muster)

9.2 Muster-Lebenslauf

Der Lebenslauf umfasst immer maximal zwei DIN-A4-Seiten.

Lebenslauf

Nele Neustart

Elbstraße 2
20456 Hamburg
040 12 34 567

nele.neustart@gmx.de
geb. am 2. Sept. 1975

Berufliche Laufbahn:

06/2013 – jetzt: Elternzeit
- 2019 Weiterbildung »Design Thinking für Praktiker«
- 5 Jahre Kita-Vorstand für Kooperationen

05/2010–05/2013: Elbgold Marktforschung GmbH, Hamburg
Project Manager qualitative Forschung
- Durchführung qualitativer Studien im High-Tech-Segment
- Steuerung Kooperationspartner im In- und Ausland
- Gewinnung neuer Kunden, u. a. Phillips, PayPal

01/2008–04/2010: Elternzeit

01/2000–12/2007: BBT Internationale Marktforschung GmbH, Hamburg
Senior Project Manager
- Key Account für High-Tech, u. a. HP, Microsoft, Intel
- Verantwortung für qualitative und quantitative Mehrländerstudien (8 Länder)
- Jährliche Umsatzsteigerung um 20 %

02/1995–09/1998: Givearide GmbH, Hamburg
student. Teamleiterin
- Leitung und Schulung von 10 Mitarbeitern
- Verringerung der Fluktuation um 25 %
- Erhöhung der Kundenbindung um 15 %

Nele Neustart, Elbstraße 2, 20456 Hamburg Telefon: 040 12 34 567 E-Mail: nele.neustart@gmx.de

Ausbildung:

10/1994–11/1999	Betriebswirtschaftslehre, Universität Hamburg Abschluss: Diplom Kauffrau (Note 2)
10/1993–08/1994	Au-pair in Arizona, USA
1993	Abitur (Note 2,3), Gymnasium Feldheide, Hamburg

Kenntnisse:

Sprachen:	Deutsch, Englisch (gut in Wort und Schrift), Französisch (erweiterte Grundkenntnisse)
PC-Kenntnisse:	MS-Office, MS Project, CMS Systeme, SPSS (Grundlagen)

Qualifikationen:

09/2019–11/2019	Weiterbildung »Design-Thinking für Praktiker«, BVM, Berlin
02/2012–03/2012	Weiterbildung »Social Media in der Marktforschung«, BVM, Berlin

Ehrenamt:

10/2013–12/2018	Vorstand in Kita »Sandmann«, zuständig für Kooperationen
Organisationen:	Theatergemeinde Hamburg, Bundesverband deutscher Marktforscher (BVM)
Interessen:	Schwedische Krimis, Vietnam, Square-Foot-Gardening

Hamburg, den 24. Januar 2020

Nele Neustart

Nele Neustart

Nele Neustart, Elbstraße 2, 20456 Hamburg Telefon: 040 12 34 567 E-Mail: nele.neustart@gmx.de

Abb. 17: Der Lebenslauf (Muster)

9.3 Weiterführende Links

a) Online-Magazine, die speziell Frauen und Karriere zum Schwerpunkt haben
businessladys.de
diechefin.net
Editionf.com
her-career.com
Mompreneurs.de
networkingmom.de
she-works.de

b) Auswahl von Weiterbildungsdatenbanken
kursnet-finden.arbeitsagentur.de/kurs
wis.ihk.de
bildungsserver.de
fernstudieren.de
iwwb.de
kursfinder.de

c) Zusätzliche regionale Anbieter
Hamburg: hamburg.kursportal.info
Hessen: weiterbildunghessen.de/projekte/hessische-weiterbildungsdatenbank
Sachsen: bildungsmarkt-sachsen.de
Nordrhein-Westfalen: weiterbildungsberatung.nrw/kurssuche

d) Portale der Handwerks- und Handelskammern
Auf handwerkskammer.de findest du alle lokalen Handwerkskammern aufgelistet, wie auch sämtliche Aus- und Abschlussmöglichkeiten.
Auf ihk.de findest du alle lokalen Industrie- und Handelskammern aufgelistet. Auf den lokalen Seiten stehen Aus- und Weiterbildungsmöglichkeiten ebenso wie Informationen für Gründungsinteressierte.

e) Auswahl kostenloser Selbsteinschätzungstest zur Potenzialanalyse
gepedu.de/potenzialanalyse
newworkhero.es/karrieretest
berufsprofiling.de/karriere-center.cfm
http://selbsteinschaetzung.apps.management-diagnostik.de/selbsteinschaetzung.php

f) Businessplan-Wettbewerbe

deutscher-gruenderpreis.de
der-deutsche-innovationspreis.de
greentechfestival.com/green-awards/
gruenden-live.de

g) Zusätzliche regionale Anbieter

Baden-Württemberg: sv-bw.de/ gesellschaftliches_engagement / gruenderpreis_bw/
Bayerischer Gründerpreis: sparkassenverband-bayern.de/Engagement/Bayerischer-Gruenderpreis
Berlin-Brandenburg: b-p-w.de/
Nordrhein-Westfalen: land.nrw/de/gruenderpreis-nrw

h) Hilfreiche Websites zur Selbstständigkeit

existenzgruender.de
gruenderplattform.de
fuer-gruender.de
gruenderszene.de
gruenderkueche.de
spacesworks.com

Deine Arbeitshilfen online

Auf mybook.haufe.de findest du die folgenden Arbeitshilfen zum Buch:

Arbeitshilfe 1: Action Steps für deinen Wiedereinstieg
Arbeitshilfe 2: Mein größter Wunsch für den beruflichen Wiedereinstieg (Vorlage)
Arbeitshilfe 3: Meine Hindernisse beim Wiedereinstieg (Vorlage)
Arbeitshilfe 4: Meine Erfolge (Vorlage)
Arbeitshilfe 5: Mein aktueller Sound (Vorlage)
Arbeitshilfe 6: Meine Energiewippe (Vorlage)
Arbeitshilfe 7: Meine Zwischenbilanz (Vorlage)
Arbeitshilfe 8: Fact-Sheet bisheriger Tätigkeiten (Vorlage)
Arbeitshilfe 9: Mein Aufgabenspektrum (Vorlage)
Arbeitshilfe 10: Meine Zukunftspfade (Vorlage)
Arbeitshilfe 11: Internetadressen zur Recherche von Fort- und Weiterbildungen
Arbeitshilfe 12: Liste der Skills, die ich aktualisieren oder erweitern möchte (Vorlage)
Arbeitshilfe 13: Anschreiben für eine Bewerbung (Muster)
Arbeitshilfe 14: Lebenslauf (Muster)
Arbeitshilfe 15: Dein Lebenslauf (Checkliste)
Arbeitshilfe 16: Unternehmensrecherche (Checkliste)
Arbeitshilfe 17: Q & A für Wiedereinsteiger
Arbeitshilfe 18: Dein Vorstellungsgespräch (Checkliste)
Arbeitshilfe 19: Weiterführende Links für Wiedereinsteiger (Übersicht)

Literatur, die uns inspiriert hat

Sabine Asgodom: So coache ich. 25 überraschende Impulse, mit denen Sie erfolgreicher werden, Kösel Verlag 2012.

Laszlo Bock: Work Rules! Wie Google die Art und Weise, wie wir arbeiten und leben, verändert, Verlag Franz Vahlen, 2016.

Brene Brown: Verletzlichkeit macht stark. Wie wir unsere Schutzmechanismen aufgeben und innerlich reich werden, Wilhelm Goldmann Verlag 2017.

Bundesminsterium für Familie, Senioren, Frauen und Jugend: Beruflicher Wiedereinstieg nach der Familiengründung. Bedürfnisse, Erfahrungen, Barrieren, 2010.

Bundesministerium für Familie, Senioren, Frauen und Jugend, Referat Öffentlichkeitsarbeit: Perspektive Wiedereinstieg – Ein Praxisbuch, 1. Aufl, 2014.

Centre of Human Ressources Information Systems im Auftrag von Sylvia Edmonds, Monster Worldwide Deutschland GmbH: Social recruiting und Active Sourcing. Ausgewählte Ergebnisse der Recruiting Trends 2019, 2019.

Renate Dehner, Ulrich Dehner: Steh dir nicht im Weg: Wie Sie mentale Blockaden überwinden und sich das Leben leichter machen, Campus Verlag 2019.

Tom Diesbrock: Ihr Pferd ist tot? Steigen Sie ab! Wie Sie sich die innere Freiheit nehmen, beruflich umzusatteln, Campus Verlag 2014.

Dr. Joe Dispenza: Du bist das Placebo. Bewusstsein wird Materie, KOHA Verlag, 8. Aufl., 2018.

Carol Dwecks:Selbstbild – Wie unser Denken Erfolge oder Niederlagen bewirkt, Piper Verlag, Juni 2017.

Antje Gardyan: Worauf wartest du noch? Eine Ermutigung zum Aufbruch in der Lebensmitte, Rowohlt Tacshenbuch Verlag 2017.

Ilja Grzeskowitz: Mach es einfach! Warum wir keine Erlaubnis brauchen, um unser Leben zu verändern, Gabal Verlag 2016.

Angelika Gulder: Finde den Job, der dich glücklich macht. Von der Berufung zum Beruf, Campus Verlag, 3. Aufl., 2013.

Alexander Hartmann: Mit dem Elefant durch die Wand: Wie wir unser Unterbewusstsein auf Erfolgskurs bringen. Eine Gebrauchsanweisung, Ariston Verlag 2015.

Thomas Heinle: Finde deinen Job! Erkennen Sie Ihre Stärken und handeln Sie. Mit Leidenschaft und Willenskraft zum Traumjob, Wilhelm Goldmann Verlag 2002.

Napoleon Hill: Think and Grow Rich – Deutsche Ausgabe: Die ungekürzte und unveränderte Originalausgabe von »Denke nach und werde reich« von 1937, FinanzBuch Verlag München, 9. Aufl 2020.

Steffen Hillebrecht: Die zweite Karriere: Theoretische Basis und praktische Modelle für den beruflichen Neustart, Springer Gabler Verlag 2017.

Svenja Hofert: Was sind meine Stärken. Entdecke, was in dir steckt, Gabal Verlag Offenbach 2016.

Svenja Hofert: Wiedereinstieg in den Beruf. Berufsbilder und Stellensuche, Bewerbung und Vorstellungsgespräch, Weiterbildung und staatliche Förderung, Humboldt Verlag 2010.

Elke Homburg: Zurück in den Job. So meistern Mütter Ihr berufliches Comeback, Redline Verlag 2005.

Matthias Horx: Das Megatrend-Prinzip. Wie die Welt von morgen entsteht, DVA 2011.

Institut der deutschen Wirtschaft Köln e.V.: KOFA-Studie 2019, Fachkräfteengpässe in Unternehmen. Fachkräftesicherung in Deutschland – diese Potenziale gibt es noch, 2019.

Bodo Janssen: Die stille Revolution. Führen mit Sinn und Menschlichkeit, Ariston Verlag 2016.

Sigrid Jooß-Mayer: Beruflicher Wiedereinstieg in Teilzeit. Wertvorstellungen, Motivation und Zufriedenheit teilzeitbeschäftigter Frauen aus psychologischer Sicht, VDM Verlag 2007.

Kasia Katarzyna Mol-Wolf: Du hast die Power! ⊠ Verwirkliche deinen Traum. Wie ich geschafft habe, was du auch schaffen kannst, Ariston Verlag 2019.

Gary Keller: The One Thing. Die überraschend einfache Wahrheit über außergewöhnlichen Erfolg, Redline Verlag 2017.

Marion Knaths: Spiele mit der Macht. Wie Frauen sich durchsetzen, Piper Taschenbuch 2009.

Nancy Kline: Time to think. Listening to ignite the human mind, Casselll illustrated, reprint 2009.

Robert Kötter, Marius Kursawe: Design your life. Dein ganz persönlicher Workshop für Leben und Traumjob, Campus Verlag, Frankfurt am Main 2015.

Ulrike Ley, Regina Michalik: Im Zickzack zum Erfolg: Die Kunst der zweiten Karriere (manager magazin Edition), Redline Verlag 2007.

LinkedIn Talent solutions: Talent Trends 2019. 3 Trends verändern die Arbeitswelt, 2019.

Tobias Meier: Erfolgreich durchs Vorstellungsgespräch. Die perfekte Gesprächsvorbereitung. Alle Fragen, Antworten und Tipps. Interview Academy 2015.

Sigrid Meuselbach: Weck die Chefin in Dir. 40 Strategien für mehr Selbstbehauptung im Job, Ariston Verlag 2015.

Peter Modler: Das Arroganz-Prinzip – So haben Frauen mehr Erfolg im Beruf, Krüger Verlag, 9. Auflage, 2011.

Peter Modler: Die freundliche Feindin – Weibliche Machtstrategien im Beruf, Piper Verlag 2017.

Tara Mohr: Playing Big. A practical guide for brilliant women like you, arrow books, 2015.

Dr. Martina Nohl: Übergangscoaching. Berufliche Veränderungen kompetent und erfolgreich gestalten, Junfermann Verlag Paderborn 2011.

Personalwirtschaft.de, Wolters Kluwer Deutschland GmbH: Recruiting-Strategien 2018. Erfolgreiche Instrumente zur Bewerbersuche. Autoren/wissenschaftliche Begleitung: Prof. Dr. Wolfgang Jäger, Sebastian Meurer, 2018.

Jennifer Petriglieri: Couples That Work: How Dual-Career Couples Can Thrive in Love and Work, Harvard Business Review Press Verlag 2019.

Sabine Prohaska: Coaching in der Praxis. Tipps, Übungen und Methoden für unterschiedliche Coaching Anlässe, Junfermann Verlag, 2013.

Beate M. Reisinger: Aufbruch! Berufliche Neuorientierung in der Lebensmitte, Nymphenburger Verlag 2009.

Sheryl Sandberg: Lean in – Women, Work and the Will to Lead, WH Allen, 2015.

Monika Scheddin: Erfolgsstrategie Networking. Business-Kontakte knüpfen und pflegen, ein eigenes Netzwerk aufbauen, buch&media, 1. Aufl 2013.

Lena-Johanna Schmidt: Welche Motive gibt es für den beruflichen Wiedereinstieg nach der Elternzeit für Paare? GRIN Verlag, 2019.

Gillian Zoe Segal: Getting There: A Book of Mentors, Abrams & Chronicle Books 2015.

Ralf Senftleben: Entdecke deine Willenskraft: Wie du endlich erreichst, was du dir vorgenommen hast, Gräfe & Unzer Verlag 2019.

Barbara Sher: Ich könnte alles tun, wenn ich nur wüßte, was ich will, DTB Verlag, Juli 2005.

Helma Sick: Aufgeben kam nie in Frage. Warum ich dafür kämpfe, dass Frauen ihr eigenes Geld haben: Der Lebensbericht der Brigitte-Finanzexpertin, Kösel Verlag 2018.

Reinhard K. Sprenger: Das Prinzip Selbstverantwortung. Wege zur Motivation, Campus Verlag 1996.

John Strelecky: Das Café am Rande der Welt, dtv 2007.

Stefan Stuth, Marina Hennig, Jutta Allmendinger: Die Bedeutung des Berufs für die Dauer von Erwerbsunterbrechungen, Discussion Paper P2009-001, Wissenschaftszentrum Berlin für Sozialforschung (2009).

Barbara Tuchmann: In Geschichte denken, Claasen Verlag 1982.

Talent Trends 2019. 3 Trends verändern die Arbeitswelt, Herausgeber Linkedin Talent solutions, 2019.

Marc Vachon, Amy Vachon: Equally Shared Parenting: Rewriting the Rules for a New Generation of Parents, TarcherPerigee Verlag 2011.

Stefan Verra: Hey, dein Körper spricht! Worum es bei Körpersprache wirklich geht, Edel Books 2015.

Elke Wagenpfeil: 30 Minuten Berufliche Neuorientierung, Gabal Verlag 2017.

Lydia Werner: Make Life wow: Frauenpower im Network Marketing, Lydia Werner GmbH, 2. Auflage 2018.

Hans Georg Willmann: Durchstarten mit 50 plus: Wie Sie Ihre Chancen auf dem Arbeitsmarkt nutzen, Campus Verlag 2018.

Abbildungsverzeichnis

Abb. 1: Mein größter Wunsch für den beruflichen Wiedereinstieg (Beispieltext) 20
Abb. 2: Meine Hindernisse (Beispieltext) 29
Abb. 3: Meine Erfolge (Beispieltext) 45
Abb. 4: Wall of Fame (Beispiel) 52
Abb. 5: Mein aktueller Sound 57
Abb. 6: Wunschsound für mein Leben 58
Abb. 7: Wertetafel (Quelle: Wertetafel mit freundlicher Genehmigung von Dr. Martina Nohl, Übergangscoaching, Junfermann Verlag 2011) 61
Abb. 8: Meine Energiewippe (Beispieltext) 63
Abb. 9: Meine Zwischenbilanz (Beispieltext) 64
Abb. 10: Fact-Sheet bisheriger Tätigkeiten (Beispieltext) 69
Abb. 11: Mein Aufgabenspektrum (Beispieltext) 71
Abb. 12: Meine Zukunftspfade (Beispieltext) 74
Abb. 13: Liste der Skills, die ich aktualisieren oder erweitern möchte (Beispieltext) 89
Abb. 14: Der verdeckte Stellenmarkt (Quelle: WILA Arbeitsmarkt) 107
Abb. 15: Mein Netzwerk 110
Abb. 16: Das Anschreiben (Muster) 204
Abb. 17: Der Lebenslauf (Muster) 206

Stichwortverzeichnis

A
Agentur für Arbeit 142
agiles Jobprofil 68
— Aufgabenbereiche bündeln 72
— Aufgabenspektrum 70
— der Zukunftspfad 73, 74
— Fact-Sheet 69
AIDA-Formel 165, 166
Alltagsorganisation 31
Alter 27
Alterssicherung 41
Altersvorsorge 60
Anerkennung 17
— monetäre Anerkennung 19
Anpassungsfähigkeit 83
Anschreiben
— Anschreiben als Teaser 161
— Bestandteile 166, 167, 168, 169
— der erste Satz 167
— Formulierungsbeispiele 168
— Gehaltsvorstellung 170
— Muster-Anschreiben 204
— typische Fehler 171
Arbeitsinhalt 77
Arbeitsumgebung 78
Arbeitszeit 77, 153
— Teilzeit 154
— Vollzeit 155
Ausbildung 86
Auszeit 38

B
Belastbarkeit 182
berufliches Zutrauen 26, 37
— fünf Workouts 44
Berufsauswahl
— Arbeitsinhalt 77
— Arbeitsumgebung 78
— Arbeitszeit 77
— Gehalt 78
— vier Parameter 76
Berufsberatung 36
Berufskarriere 19
Berufsperspektive
— das agile Jobprofil 68
— Marktorientierung 66
— Potenzialanalyse 75
— Zielfindung 65, 66
— Zukunftsreise 67, 68
Berufsstory 101, 103, 104, 175
— Kurzanleitung 102
Bewerbungstipps
— Anruf in Personalabteilung 152
— Fürsprecher gewinnen 152
— mit Spezialwissen punkten 152
Business Talk 126

C
Coach 35
Comeback
— Sieben Beliefs 43
Co-Working 159
Cultural Fit 173

D
digitales Netzwerk 113
— Auswahl 114
— Einladung zur Vernetzung 116
— Foto und Lebenslauf 115
— Kontaktaufnahme 118

— Profil anlegen 114
— Referenzen 115
— Stellenmarkt 141
— Suchanzeige 115

E
Ehrenamt 85, 99
Eigenmarketing 161
Einarbeitung 193
Eintrittstermin 170
Elevator Pitch 102
Elternrolle 22
Energiewippe 62
— Action Step 63
Entschlossenheit 15
Erfolgsbewusstsein 44, 45
erster Arbeitstag 192

F
Fachkräftemangel 138
familienfreundliches Unternehmen 135, 136, 137
Finanzcontrolling 92
flexible Arbeitszeit 78
Fortbildung 84, 89

G
Gehaltsvorstellung 78, 170, 184
Gleichberechtigung 18

H
Hard Skills 88
Headhunter 147
Homeoffice 156

I
Initiativbewerbung 143, 144, 145, 164
Insidergespräch 123
— Fragen in einem Insidergespräch 124, 125
— Sieben Tipps 125

J
Jobabsage 186, 187, 188
Jobauswahl
— Zwischenbilanz 64
Jobeinstieg 135
Job-Matching 133
Job-Portal
— digitale Job-Portale 138, 139
— spezialisierte Job-Portale 140, 141
Jobprofil
— in digitalen Netzwerken 113, 114

K
Karrierepause 181
Karrierewebsite 141, 164
Kinderbetreuung 183
Kindererziehung 18
Kommunikation
— Beispiele für Stärke-Kommunikation 46, 47
— Kommunikation mit Stärke 46
Kompetenz 81
— Action Step 88
— digitale Kompetenzen 182
— Update der Kompetenzen 82, 90
Körpersprache 175, 176
Kurs 84

L

Lead
- Leads ersten Grades 116
- Leads über Offline-Kontakte 120
- Leads über Suchkriterien 118
- Leads über Themengruppen 118
- Leads zweiten Grades 117

Lebenslauf 90, 91
- Aufbau 96, 97
- Auflistung der Berufserfahrungen 91
- beruflicher Werdegang 97
- besondere Kenntnisse 99
- Checkliste 104
- Ehrenamt 99
- Formulierungsbeispiele 93, 95, 98
- Interessen darstellen 100
- Lücke im Lebenslauf 94, 95, 96, 169
- Muster-Lebenslauf 205
- Ort, Datum, Unterschrift 100
- persönliche Daten 97
- Soft Skills 92
- typische Fehler 100

Leih-Oma 33
LinkedIn 113, 141, 194

M

Meyer-Briggs-Typenindikator (MBTI) 75
Mischpult deines Lebens 56, 57, 58
- Beispiel und Vorlage 57

N

Networking 105, 111, 112, 122
- Action Step 110
- Dos and Don'ts 127, 128
- Empfehlungen von Ute Blindert 122
- Fragen an Monika Scheddin 128, 129, 130
- Gründe fürs Networking 106
- nach Jobeintritt 194
- Vorteile 123

O

Offline-Kontakte 120

P

Partnerschaft 18, 21
Personalabteilung 152
Personaldienstleister 147
Personalvermittler 148
Potenzialanalyse 75
Powerteam 34
Praktikum 146
- Kurzzeitpraktikum 85
- Langzeitpraktikum 86

Problemlösefähigkeit 83

R

Reboarding-Programm 37
Re-Hiring 138
Remote Office 156
Restart-Buddy 34
Restart-Mindset 41
- dynamisches Mindset 42
- Sieben Beliefs 43
- statisches Mindset 42

S

Sabbatical 37
Schuldgefühl 23
Selbstdarstellung 90, 161
Selbsteinschätzungstest 75, 76
Selbstständigkeit 157, 158
Selbstvertrauen 26, 37
- fachliche Eignung 38
- technologisch up to date 38

Seminar 84

Skype-Interview 185, 186
Small Talk 126
Soft Skills 83, 88, 92
Spezialwissen 152
Stellenanzeige 149, 150
Stellenmarkt 106, 108, 109
Storytelling 103
Studium 87

T
Talent
— verschüttete Talente 72
Teamfähigkeit 83
Teilzeit 154, 155
Telefoninterview 185, 186
Themengruppen 119
Trainee-Programm 40

U
Überqualifizierung 183
Überzeugungsfähigkeit 83
Unabhängkeit 25
Unternehmensgründung 158
Unternehmensrecherche
— Checkliste 163
Unterstützung beim Wiedereinstieg
— durch den Partner 31
— durch eine Haushaltshilfe 32
— durch eine Leih-Oma 33
— durch Experten 35
— durch Familie und Freunde 32
— durch Nachbarn 32

V
verdeckter Stellenmarkt
— Interview mit Patrizia Kaiser 106, 108, 109
Vernetzungsanfrage 116, 117
VIP-Book 126
Vollzeit 155
Vorstellungsgespräch 172
— Ablauf des Vorstellungsgesprächs 177, 178
— Checkliste 188
— Outfit und Körpersprache 175, 176
— Telefon- und Skype-Interview 185
— typische Fragen 178, 179, 180, 181, 182, 183
— Vorbereitung 174

W
Wall of Fame 51, 59
— Beispiel 52
Weiterbildung 84, 89
Weiterentwicklung 18
Werte 59, 60
— Sinnhaftigkeit des Jobs 60
— Wertetafel 60, 62
Wiedereingliederung 37
Wiedereinstieg
— Aktualisierung des Wissensstandes 48
— Alter bei Wiedereinstieg 27
— berufliches Selbstvertrauen 37
— Berufsperspektiven entwickeln 65
— den passenden Job finden 55
— der richtige Zeitpunkt 29, 30

eigene Wertvorstellungen 59
— häufige Zweifel 21
— Hindernisse 21, 28
— Job-Matching 133
— persönliche Bereitschaft 15
— Q & A für Wiedereinsteiger 184
— Schuldgefühle 23
— Unterstützer 31
— Wünsche und Hoffnungen 16
Wünsche zum Wiedereinstieg
— Anerkennung 17
— berufliche Ambitionen 19
— berufliche Weiterentwicklung 18
— finanzielle Unabhängigkeit 17
— Gleichberechtigung in der Partnerschaft 18
— Status 19

X
Xing 113, 141, 194

Z
Zeitarbeit 148, 149
Zeitmanagement 83
Zeitpunkt des Wiedereinstiegs 29, 30
Zukunftsorientierung 45
Zukunftspfad 73, 74

Die Autorinnen

Julia Mohring hat als Rechtsanwältin, Financial Consultant, Geschäftsführerin und Unternehmerin viele unterschiedliche Facetten des Arbeitslebens kennengelernt. Ihre Begeisterung für sinnstiftende und interessante Karrierewege verwirklicht sie beruflich seit über zehn Jahren als erfolgreicher Business & Leadership Coach für Führungskräfte, Manager und Unternehmer. Die Themen Karriere und Frauen sowie Frauen in Führungspositionen bilden den Schwerpunkt ihrer Tätigkeit. Ehrenamtlich arbeitet Julia Mohring seit fünf Jahren für startsocial.de und unterstützt soziale Non-Profit-Organisationen mit ihrer Expertise.

Gesche Heitmann hat BWL und Soziologie studiert und ist ausgebildete Mediatorin. Sie hat über 16 Jahre in Führungspositionen internationale Marktforschungsprojekte für globale IT-Konzerne geleitet. Ihre Passion für innovative Technologien bringt sie seit neun Jahren als selbstständige Unternehmerin im Bereich New Work, Self-Empowerment und Digitalisierung ein. Dadurch wurden ihr die Chancen bewusst, die die Digitalisierung für berufliche Wiedereinsteiger bietet. Privat engagiert sich Gesche Heitmann für Hamburger Künstler.

Gemeinsam mit Julia Mohring hat sie die digitale Plattform *Restart Today* mit dem Mentoring-Programm »Restart Today – Deine Roadmap zurück in den Job« entwickelt. Potenziale nutzen, Empowerment und berufliche Weiterentwicklung ist das, was beide eint, antreibt und was sie mit und für andere verwirklichen wollen. Das Programm richtet sich vor allem an gut ausgebildete Frauen, die nach einer Berufspause wieder zurück ins Arbeitsleben wollen und dafür einen praxisnahen, leicht umzusetzenden Leitfaden suchen. Die wesentlichen Bestandteile des Mentoring-Programms sind in diesem Buch zusammengefasst.

Weitere Informationen, spannende Interviews aus der HR-Szene und Starttermine für das Mentoring findest du unterwww.restart-today.de.